动手动脑快乐学习丛书

青少年电子制作

葛介康　杨庆国　编著

海峡出版发行集团 | 福建科学技术出版社
THE STRAITS PUBLISHING & DISTRIBUTING GROUP | FUJIAN SCIENCE & TECHNOLOGY PUBLISHING HOUSE

编者的话

现代科学技术日新月异，推动人类社会进入一个灿烂的新时代——电子技术与网络技术结合的时代。今天，依靠电子技术，人们不仅能够自由地驰骋在地球上的每一个角落，而且能像孙悟空那样上天入地。青少年是祖国的未来，对青少年普及和推广电子科学技术和知识，培养新时代具有科学素质的人才，是校外科技教育工作者最为迫切和重要的任务。我们期望青少年电子科技活动更加生动有趣，让奇妙的电子世界吸引住更多的青少年，让他们投身到探索电子奥妙的时空中去。

在本书中我们根据多年进行青少年电子教学活动的经验体会，结合青少年的学习愿望和问题，针对孩子的身心特点，介绍了电子制作的多种方法和丰富多彩的内容。其特点：第一，由浅入深，尽可能适宜各种不同程度的爱好者，重点围绕中小学校开展的电子活动，便于在课堂内外进行；第二，使用常规性元器件，介绍多种制作方法，特别是不用电烙铁的制作方法，使电子制作取材容易、安全可靠，甚至在一些没有市电的地方，也照样可以进行；第三，内容通俗易懂，有实用性、趣味性，青少年爱好者可以在实际场合中加以应用。

本书的前两章，介绍电子技术知识的基础，以及如何通过简单方法和基本工具，用分立元件开展电子制作活动。书的后两章，旨在使青少年电子爱好者尽快熟悉现代电子应用技术，介绍如何应用集成电路和单片机进行电子制作。单片机在电子制作中的应用，是现代电子技术普及发展的方向，从本书几个应用实例可以看出，单片机制作使用的电子元件比较少，传感器等部件可采用标准件，重点在于学习编写程序。这有利于青少年思维训练，使他们在电子活动中不断创造发明，成为有创新能力的新一代。

在本书编写过程中，由于水平有限，难免有错误的地方，敬请电子技术工作者和教育工作者不吝指正，并提出宝贵的意见。

在学习与应用中若需要提供螺孔板电子实验套件，可上网购买，网址 http：//www.dzt.com.cn。如需要有关印刷电路板和单片机硬件与传感器可与上海市卢湾区青少年活动中心杨庆国老师联系，E-mail：yangqingguo@citiz.net。

本书在编写的过程中，得到顾盛初老师的支持和帮助，在此表示诚挚的谢意。

编者

2012 年 6 月

目　录

第一章　电子制作基础知识

如今，人们从幼时就开始接触电子产品了：玩电子玩具，看电视节目，听广播，用“苹果”电脑……电子产品很神秘吗？电子制作过程很复杂吗？似乎的确如此。不过请你记住，其实它们都是由一个个小小的电子元器件和集成电路组成的。你也能够亲自动手，成功制作一个电子作品，那是另有一番情趣的。

从电子的基本知识学起，同时学习用电子基本电路制作一些电子作品，就能够培养起青少年的电子兴趣，长大了说不定还会成为名副其实的电子工程师，还可进行发明创造呢。

一、电子制作基本过程

1. 挑选电子制作电路

本书有许多有趣的电子制作，如带闪光的、有声响的、有动作的等等，你可以根据实际需要，从中找出感兴趣的电路来。如果想做一些基本电子实验，了解基本电子元件和电路知识，那么你可以选择与实验电路有关内容。如果暂时水平不高，且刚接触电子技术，你可以先从一些结构单一、元件数量比较少的简单电路如“音乐门铃”等电路开始制作。当积累了一定的知识，有了经验，就可以进行“收音机”、“数字控制”等电路的制作。总之，首先要浏览本书，找出感兴趣的制作对象，然后根据你目前所具备的条件（主要是能找到的元器件），以及自己的制作能力来决定所要制作的电子电路。对初学者来说，应先易后难，循序渐进。有趣的制作既可以供你玩耍欣赏和实际应用，又可以鼓励你进一步努力，进行更高级的电子制作。

2. 看懂电路图

选好要制作的具体电路后，可仔细阅读电路介绍和电路图，要认真研究电路，争取看懂有关电路图，尤其是对每一个元件的作用要有所了解。初学者最感迷惑的是电路图上符号的意义，因此要反复查资料、搞清楚。特别是对有极性的元件，要反复端详，记住它的极性记号及外形特点。比如发光二极管有正负极性，装反了就不会亮。可通过观察二极管内芯两个极的不同形状，来判断它的极性：形状小的一端是正极，大的一端是负极。能正确辨别有极性的电子元件，如三极管、电解电容、集成电路等等，是电子技术中的一种基本技能。

此外还应搞清楚电路图中导线的连接点。哪些导线应该连接在一起，哪些是不应该连接在一起的跨越线。一般在导线连接点上有一个黑圆点的导线应连接在一起，而在导线交叉点上没有黑圆点或是用小弧线连接的为跨越线。

3. 选用合适的电路连接方法

电子实验和制作，实际上就是根据电路图正确连接元件、沟通电路。在制作中哪怕只有某一点连接错误，也会导致实验制作的失败，因此要认真对待。如果你已经选好电路，了解了电路的来龙去脉和元件情况，筹齐了所需的元件，在动手之前还必须知道一些电路的连接方法。电路连接方法有导线绞接法、插座接触法、螺钉固定法、锡丝电焊法。这些方法各有所长，但锡丝电焊法是电子制作中最常用最可靠的方法，也是电子制作最基本的技术，希望青少年朋友能够掌握。下面将较详尽介绍此法。

4. 仔细检查已制作的电路

对初学者来说，电子制作不一定一次就能够成功，会有个反复的过程。因此碰到电路不工作，千万要冷静，不要慌乱。此时既不要埋怨自己，也无需责怪电路，应该集中精力去检查电路。

首先应该检查电路的连线和连接点。电路越复杂，连线错误的机会也就越多。要按照电路图反复检查每一根连线和连接点。每检查一根连线和一个连接点，都在电路图上作一个记录。特别要注意检查接触不好、假焊错焊等情况。其次，要检查元件的极性，注意其极性方向。对二极管、三极管、电解电容器、集成电路等元件要给予特别的关注，重点检查它们的引脚连接正确与否。第三，要检查电源供电情况。有的初学者在实验制作中使用新电池，以为电能一定是很充足。却不知在这以前，由于电路连线错误或不小心，电池的电能已漏光或减少了。电能的不足必然使电路不能正常工作。还有这样的情况：用质量不是很好的元件，或者通电后不小心造成元件的损坏，此时必须更换新的元件重新试一试。如果经过此番努力，电路仍然不能工作，也不要灰心，可以请教老师来排疑解难。经过不断努力，你一定会找到电路不工作的原因，你的知识技能一定也会由此而有很大的提高。

5. 根据电路要求调试

有些电路连接好后就能按照设计要求输出结果，但有些电路需要根据输出要求进行调试。如时间电路需要通过调试元件值来控制时间、振荡电路需要调节元件值来控制振荡频率、放大电路需要通过调试元件值来安置最佳工作点。当然这些调试最终由输出结果来检验。

6. 机壳设计制作

电路、电源及控制按钮、旋钮和输出结果的显示器件都要安置在机壳里。机壳可以根据需求自制，也可利用其他用途的机壳来使用。机壳制作材料可以选择有机玻璃、ABS板、塑料片、胶木和木片等。机壳设计的基本要求是：重的部件如电池盒、变压器等放置机壳下方；醒目的地方安排显示元素，如数码管、扬声器等；控制按钮、旋钮等安置在机壳的面板上。

二、基本电子元器件

1. 电阻器

电阻器简称电阻，在电子电路中用英文字母“R”表示。电阻按其阻值的大小对电路中电流有不同的阻碍作用，从而达到控制电路中的电流大小。电阻在电路中与电流和电压的关系为$U=I\times R$。电阻的单位是欧姆（Ω），千欧姆（kΩ）、兆欧姆（MΩ）。它们之间的关系是：1kΩ=1000Ω；1MΩ=1000kΩ。

电阻器在使用中可以串联和并联。电阻器串联，其电阻值越串越大，$R=R_1+R_2+R_3+\cdots+R_n$。电阻器并联，其电阻值越并越小，$1/R=1/R_1+1/R_2+1/R_3+\cdots+1/R_n$。

电阻器的标识除了阻值外，还有功率值。所谓功率就是电阻身上承受电流和电压的乘积，单位是瓦特（W）。一般电阻会标出电阻能承受最大的功率，使用中若电阻器的消耗的功率超过此标称的功率值，电阻器就会损坏。电阻器常用的功率标值有1/16W、1/8W、1/4W、1/2W、1W、2W、5W等。

电阻器按其结构可分为固定电阻和可变电阻。图1-2-1和图1-2-2所示的是这两种电阻的外形和符号。现在电路中使用固定电阻数量最多，并大多以色环来表示电阻值。图 1-2-3 所示的是四色环标值的电阻外形和色环位数，表 1-2-1 所示的是四色环电阻的读值方法。

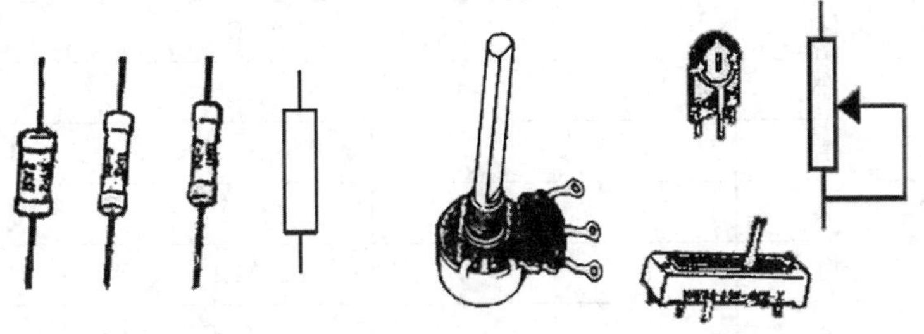

图 1-2-1　固定电阻外形和符号　　图 1-2-2　可变电阻外形和符号

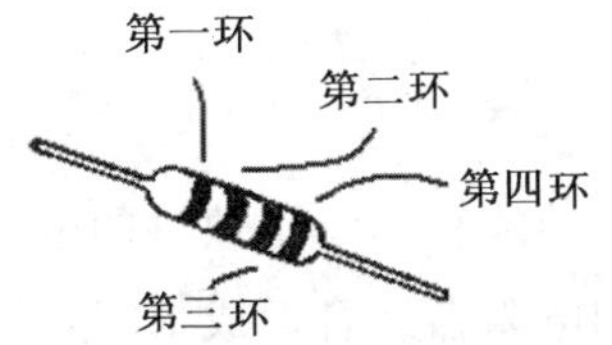

图 1-2-3　四色环标值的电阻外形和色环位数

表 1-2-1　四色环电阻读值方法

色环 / 颜色	第一色环	第二色环	第三色环	第四色环
	数值	数值	乘数	精度
黑	0	0	×1Ω	
棕	1	1	×10Ω	±1%
红	2	2	×100Ω	±2%
橙	3	3	×1kΩ	
黄	4	4	×10kΩ	

续表

颜色＼色环	第一色环	第二色环	第三色环	第四色环
	数值	数值	乘数	精度
绿	5	5	×100kΩ	
蓝	6	6	×1MΩ	
紫	7	7	×10MΩ	
灰	8	8	×100MΩ	
白	9	9	×1000MΩ	
金			×0.1Ω	±5%
银			×0.01Ω	±10%

2. 电容器

顾名思义，电容器能存储一定数量的电能。电容器具有充电和放电的特性，它和电阻器组合而成 RC 振荡电路，不少电子电路都使用它。由于制造电容器的材料不同，因此它的种类有许多。图 1-2-4 所示的是瓷片电容器的外形和符号；图 1-2-5 所示的是电解电容器的外形和符号。瓷片电容器没有正负极性；而电解电容器有正极和负极之分。在电解电容器的外壳上标注有“＋”和“－”的记号，分别表示正极和负极，制作时千万不能

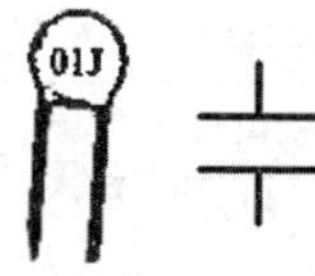

图 1-2-4　瓷片电容器外形和符号

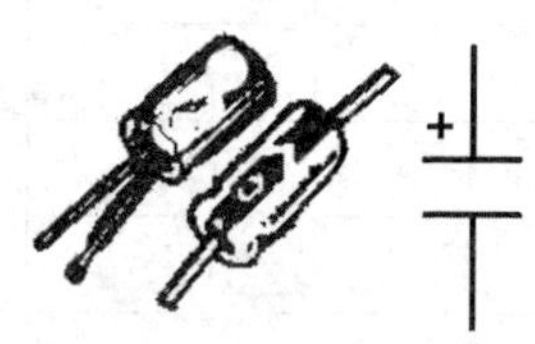

图 1-2-5　电解电容器外形和符号

搞错。按照电容器的结构来区分，它又可分为固定电容器和可变电容器。上述两种是固定电容器。图 1-2-6 所示的是半可变电容器和可变电容器的外形和符号，它们通常使用在无线电接收和发射的电路中。

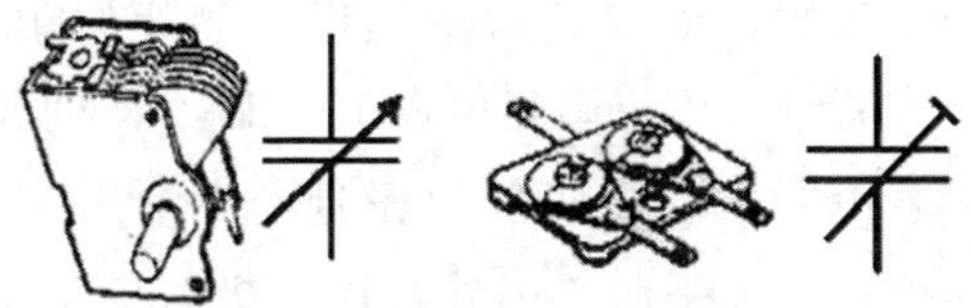

图 1-2-6　可变电容器和半可变电容器外形和符号

电容器在电路中用符号“C”来表示，它的容量单位用法拉（F)、微法拉（μF）和微微法拉（pF）表示，它们之间的关系是：1F＝1000000μF，1μF＝1000000pF。

电解电容器除了容量标识外，还有耐压值，单位为伏特（V)，它表示电容器能承受最大的电压。使用中若电压超过此标称的电压值，电解电容器就容易破裂流液损坏，甚至会爆裂。在制作中千万要注意这一点。

电容器在使用中可以并联和串联。电容器并联，其电容量越并越大，$C= C_1+ C_2+ C_3+\cdots+C_n$；电容器串联，其电容量越串越小，$1/C=1/C_1+1/C_2+1/C_3+\cdots+1/C_n$，但电容器的耐压值是各个电容器耐压值的总和。

3. 晶体二极管

晶体二极管有许多不同的种类，应用于不同的电路。如整流二极管主要功能是把交流电变为直流电；检波二极管是用于把高频载波中信息取下来。但是它们都具有共同的一个特性，就是单向导电性，即只允许电流从正极流向负极，反向就关闭。晶体二极管在电子电路中用英文字母“D”表示，图1-2-7所示的是晶体二极管的外形和符号；图 1-2-8 所示的是常用的发光二极管的外形和符号。可以看出晶体二极管有正极和负极，在实际使用中，请不要搞错极性。二极管的型号国内标称有 2CD7、2AP9 等。其第一位表示二极管；第二位表示二极管制作所用材料，如 C 为硅材料，A 为锗材料等；第三位表示功能，如 D 表示整流，P 表示检波，K 表示开关。第四位为序号，表示工作电压、功率的差异，具体可查有关手册。国外晶体二极管的型号有 1N4000 系列。该系列现在应用得比较多，本书在许多电子电路中都使用到。

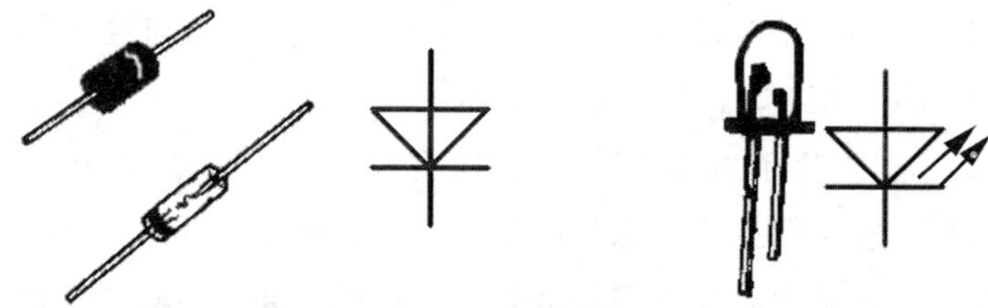

图 1-2-7　晶体二极管外形和符号 图 1-2-8　发光二极管外形和符号

4. 晶体三极管

由电子管至晶体管是电子发展的一大飞跃。晶体三极管的种类形状有很多。图 1-2-9 是两种晶体三极管的外形和符号。我们看到晶体三极管有 3 个引脚，分别为基极、集电极和发射极，分别用英文字母 B、C、E 表示。晶体三极管在电子电路中用英文字母“VT”表示。晶体三极管可以作高速开关器：在其基极注入一定量的小电流，其集电极与发射极之间就会产生一个较大电流；当其基极电流没有或反向，其集电极与发射极之间就没有电流。也就是说可以用基极电流来控制集电极与发射极之间的“通”与“断”。电子计算机就是利用此特性，运用二进制进行数值计算和逻辑运算。同样原理，基极输入一定形态的交流信号，集电极与发射极之间就会产生放大的交流信号电流，这就是放大器的原理。晶体三极管有 PNP 和 NPN 两种类型，它们的功能是一致的，区别在于它们电流的方向不同，利用这一特点可以组合各种电路。

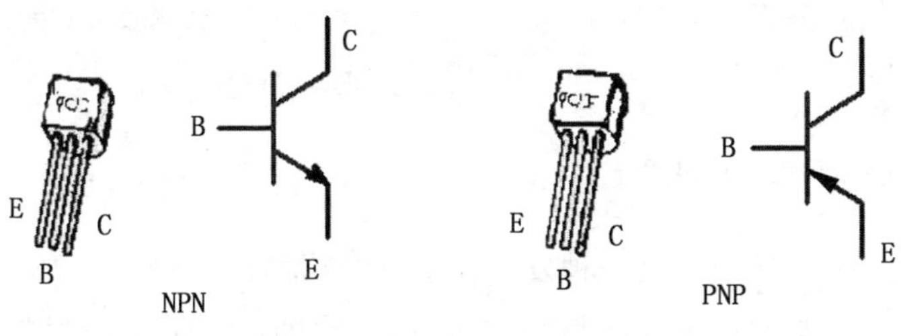

图 1-2-9　两种晶体三极管外形和符号

晶体三极管的型号国内标称有 3AX31、3DG4 等。其第一位表示三极管；第二位表示三极管制作所用材料和极性，如 A 用锗材料、极性为 PNP，D 用硅材料、极性为 NPN 等；第三位表示功能，如 X 表示低频放大，G 表示高频放大，K 表示开关；第四位为序号，表示工作功率的差异，具体可查有关手册。国外三极管的型号有 9000 系列。该系列现在应用得比较多，本书在许多电子电路中都使用到。

5. **电感器**

用漆包铜丝绕制的线圈，通上交流电后会产生自感、互感和阻抗的作用；与电容器组合会产生谐振现象。漆包铜丝绕制的线圈中心套上不同材料的铁心就可以应用在不同的场合：套上铁硅片，可以作变压器；套上锰锌铁氧心，可以接收空中无线电电波。图 1-2-10 所示的是各种电感器元件的外形和符号。电感器在电子电路中一般用英文字母“L”表示。电感的单位是“亨利”（H）、毫亨利（mH）和微亨利（μH），它们之间关系是：1H＝1000mH，1mH＝1000μH。

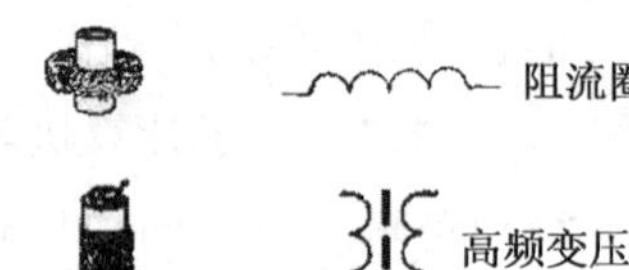

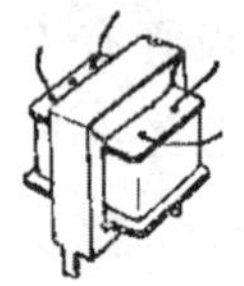

图 1-2-10　各种电感器元件外形和符号

6. 耳机、扬声器

耳机、扬声器是一种发声器。其结构类似电感器：中心用漆包铜丝绕制的线圈连接振膜（纸盆），线圈心套上不同材料的铁心，通上交流电后振膜会产生振动而发出声音。耳机、扬声器在电子电路中一般用英文字母“B”表示。图 1-2-11 所示的是其外形和符号。

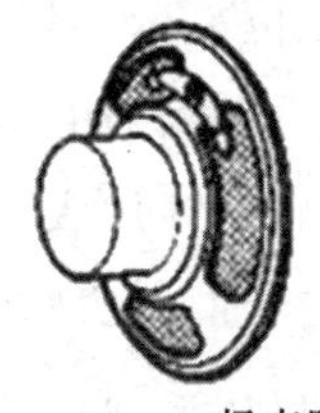

图 1-2-11　耳机、扬声器的外形和符号

7. 集成电路

集成电路顾名思义是由许许多多的微电路集合组成，它的基本元件是晶体二极管、晶体三极管、电阻器以及小容量的电容

器。集成电路种类非常多：大类的有模拟集成电路、数字集成电路、微处理器集成电路等等；专用的有音响集成电路、电源集成电路、电视集成电路等等。图 1-2-12 所示的是几种集成电路的外形。

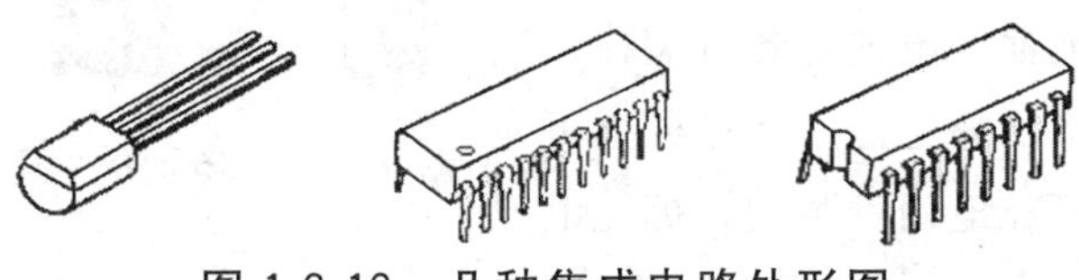

图 1-2-12　几种集成电路外形图

8. 单片机

单片机全称单片微型计算机，其外表只是一块大规模集成电路芯片。它体积微小，成本较低，面向控制设计，作为智能控制的核心器件被广泛应用于军事、工业、家用电器、智能玩具和便携式智能仪表等领域中的电子设备和电子产品中，已成为现代电子系统中最重要的组成部分。图 1-2-13 所示的是单片机芯片的外形图。

图 1-2-13　单片机芯片外形图

9. 电源

所有的电子电路都需要直流电来供电，否则电路的各个部分都不能正常工作。直流电源最简单的来源就是电池。电池有各号圆柱形电池和方形层叠电池，又可分为可充电和不可充电两种类型，可充电池电压一般为 1.2 V；不可充电池电压一般为 1.5 V。图1-2-14所示的是它们的外形和电路中的符号。圆柱形电池需要一个电池夹盒来安置电池，层叠电池配有专门的接线夹。使用时要注意电池电量，电池不使用时要脱离电路或断开电源开关。

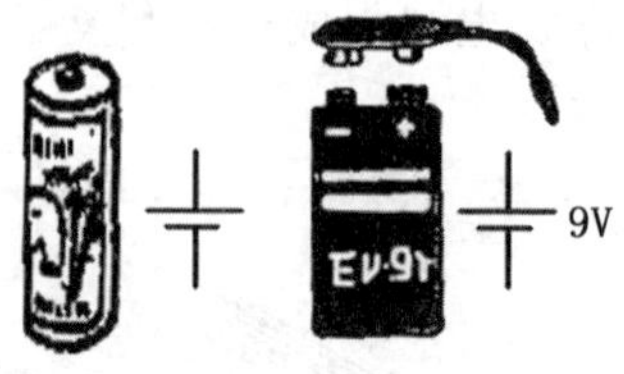

图 1-2-14　电池的外形和符号

三、电路连接方法

电子实验和制作，实际上就是根据电路原理图，把各个元件正确连接起来，通上电源后使电路正常工作。显然，电路连接非常重要。选择电路连接方法的依据是，看使用的电路是短期实验，还是长期应用。短期实验可选择导线绞接法、螺钉固定法、插座接触法；长期应用则采用锡丝电焊法，此法可以保证电路连接可靠，连接性能良好。

1. 导线绞接法

如果要制作的一些电路非常简单，元件没有几个，而且元件引脚又比较长，可以采用此法。它通过元件引脚之间或元件引脚与导线之间互相绞和连接来保证电路的沟通，如图 1-3-1 所示。连接前，对有塑管的导线，首先要剥去 1cm（厘米）左右塑管，用小刀刮净接线头，对元件引脚也要如此处理。然后将接线头根据电路要求相互绞接四至数圈，并用绝缘胶布包上两层，防止连接头与他处碰触，使电路短路不能工作。此法操作简单，但连接点强度不够，在实际使用中要引起注意。

图 1-3-1 导线绞接法

2. 螺钉固定法

这种方法的特点是只使用简单工具——螺丝刀，在木板上制作电路，制作方便，电路直观，初学者容易接受。方法是：取 1 块厚 0.8～1cm 且长宽适宜的木板，把画有电路图的纸贴在木板上。然后按照电路图上元件位置，用自攻螺丝及垫圈来固定元件引脚或导线。接线头裸线部分至少要有 1cm 以上，并安放在垫圈与自攻螺丝之间，然后用螺丝刀慢慢地旋紧，以保证良好的接触，如图 1-3-2 所示。现在市面也有螺孔塑料板生产销售，使用方法与上述相同，图 1-3-3所示的是螺孔塑料板的外形图。

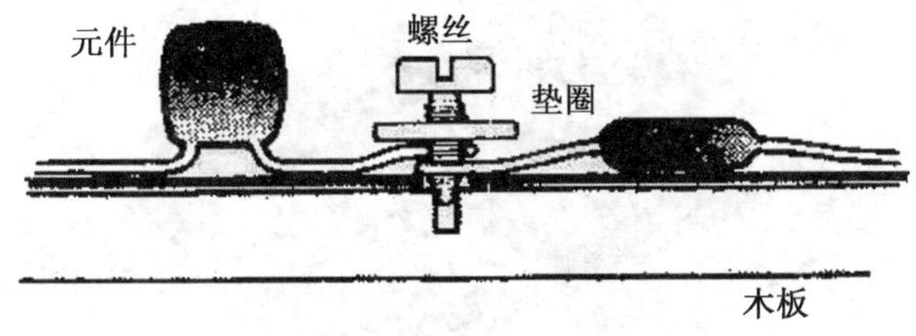

图 1-3-2 螺钉固定法

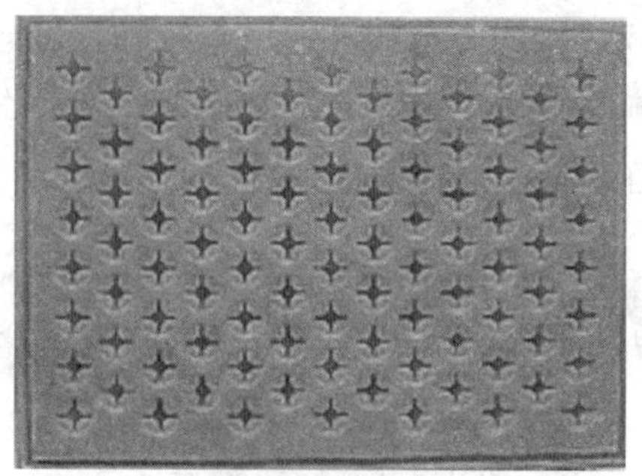

图 1-3-3　螺孔塑料板的外形图

3. 插座接触法

插座接触法是利用插头、插座连接来接通电路。市场销售的"电子魔块"、"电子百拼"等电子积木均采用此法。在插头插座中置放了元件，然后按图连接。图 1-3-4 所示的是电子积木制作后的电路。这种电子积木最大的特点，就是非常方便初学者学习电子基本电路及进行初级实验，直观性好，兴趣性强。它不失为电子启蒙的好器具，特别适用低年龄段的少年儿童。

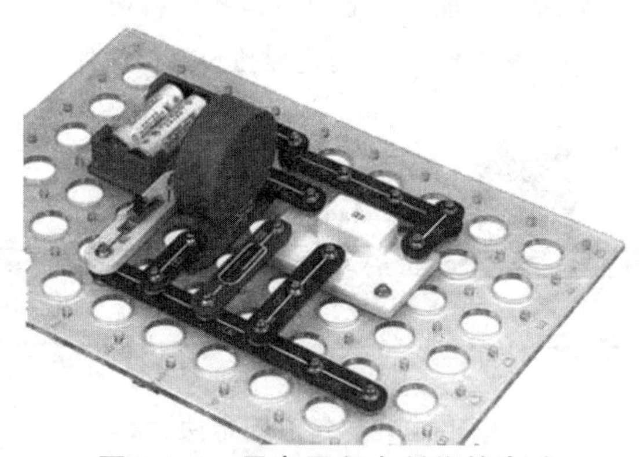

图 1-3-4　用电子积木制作的电路

4. 锡丝电焊法

这种方法要使用电烙铁。电烙铁通电发热，使锡丝熔化于元件引线与印刷电路板的铜箔上，如图 1-3-5 所示。一般此法应用于印刷电路板制作的各种电路中。

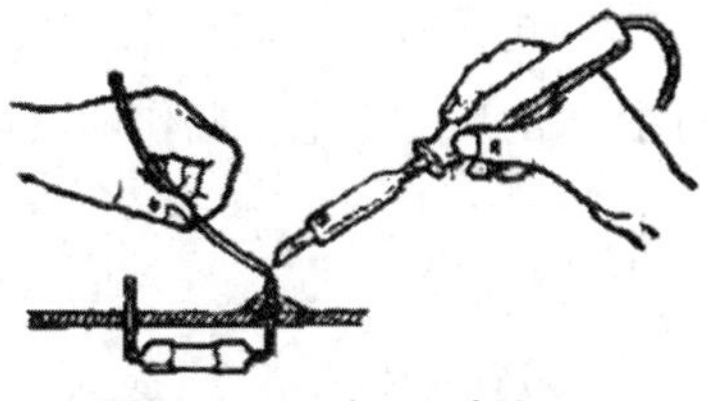

图 1-3-5　焊丝电焊法

用锡丝电焊法在焊接前，首先要把元件安置在印刷电路板正确的位置上。在安置元件前，要注意元件的引脚是否被氧化。如有，要经过去氧化物处理，即用小刀刮干净后上锡。然后把元件引脚弯曲和排立，图 1-3-6 所示的是元件卧式和立式安放的两种形式。选择哪种安放形式应根据电路板的空间来决定。有时元件引脚及印刷电路板焊接前还要涂上助焊剂。

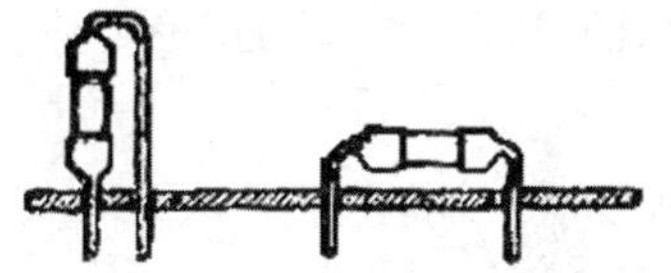

图 1-3-6　元件卧式和立式安放的两种形式

焊接时，先用电烙铁使锡丝熔化，然后把元件引脚与电路板均匀加热，使适量焊锡熔化在连接点上，冷却后即固化。焊接要求焊点光洁美观，连接可靠，防止虚焊、假焊和搭焊。图 1-3-7 所示的是一些虚焊、假焊和搭焊的情况。

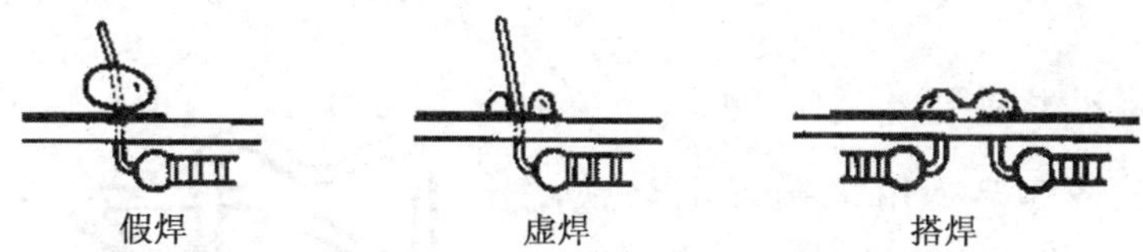

图 1-3-7　一些虚焊、假焊和搭焊的情况

四、电子制作工具

学习电子技术不能纸上谈兵，只有亲自制作实践，才能体会到电子技术的奥秘。电子制作前要适当准备一些基本工具。

1. 电烙铁

电烙铁是一种电热器件，通电后能在电烙铁的头部产生250℃左右的温度，足够使焊丝融化，图 1-4-1 所示的是电烙铁的外形图。功率大的电烙铁可以焊接铁丝铜片，在电子制作中只需使用小功率的电烙铁，如20～35W 的电烙铁。内热式电烙铁，其质量轻、体积小、热得快，很受电子爱好者的喜爱。图 1-4-2 所示的是握电烙铁的正确姿势。

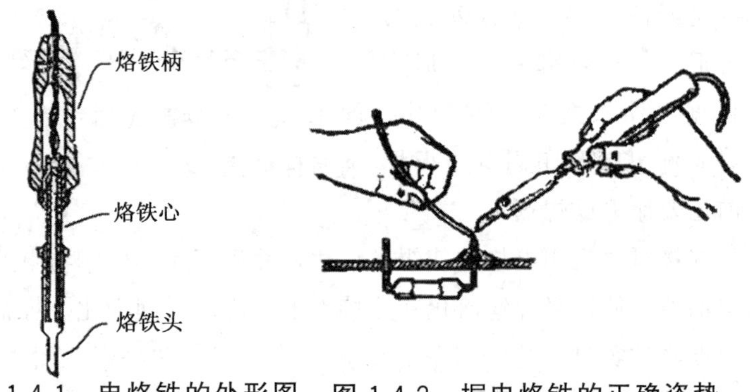

图 1-4-1　电烙铁的外形图　图 1-4-2　握电烙铁的正确姿势

2. 烙铁架

烙铁架是用来搁置电烙铁，防止它烧坏其他东西，如桌面等。烙铁架可以自制，式样不拘。图 1-4-3 所示的是一种烙铁架，可用

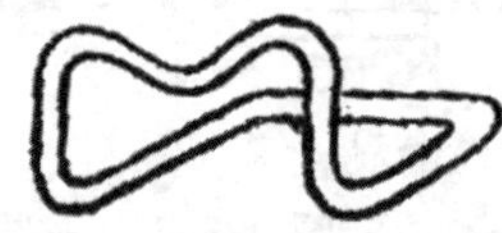

图 1-4-3　用粗铁丝弯制的烙铁架

粗铁丝弯制。

3. 斜口钳

小型的斜口钳较剪刀好用，无论剪断粗导线还是细导线，都很方便，它还可以整修焊完的印刷电路板上留有的各长短不一的元件的引脚和导线。

4. 镊子

镊子最好购置尖头的、用不锈钢材料做的。用它来夹持电子元件的引脚以及小型的元件，在焊接时特别管用。

5. 螺丝刀

螺丝刀又称起子，有十字和一字两种。在电子制作用螺丝固定法时，螺丝刀是不可缺少的工具。螺丝刀的直径要与螺丝大小配合，合适的话，螺丝刀宜粗不宜细。

6. 刻刀

刻刀用于修整自制不规则的和焊接中出问题的印刷电路板。细微的金属痕迹，引起电路工作不正常，这是在电子制作中经常发生的现象。

7. 尖嘴钳

电子制作使用一种较小型的尖嘴钳，它可以用以弯曲较硬的元件引脚和夹持较大的元件。

8. 吸锡器

如果有条件，准备一个吸锡器也是非常需要的，多引脚的元件如集成电路的更换，电路板的错焊、搭焊都需要吸锡器帮忙。

9. 剪刀

剪刀主要用来剪导线和比较细的元件的引脚。

图 1-4-4 所示的是上述几种工具的外形图。

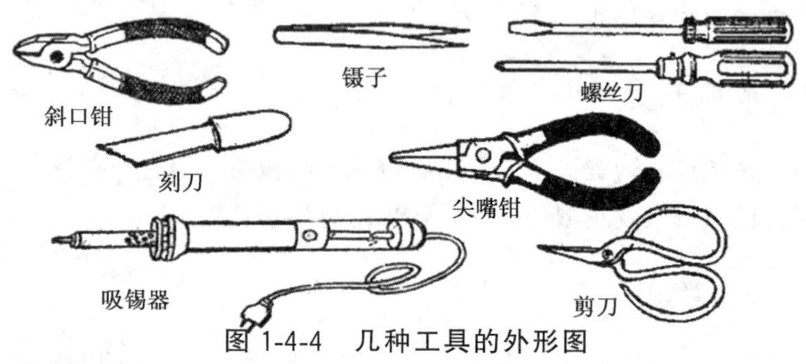

图 1-4-4　几种工具的外形图

五、万用表

万用表有指针式和数字式两种，它是制作、调整、检修电子电路常用仪表。一般万用表都具备测量电阻、电流和电压这三个方面的功能，对学习电子制作的爱好者来讲，这些仪表的功能足够使用，并且非常需要。

1. 指针式万用表

图 1-5-1 所示的是小型的指针式万用表的外形，其他万用表基本类同。指针式万用表由表盘、量程开关两大部分组成。表盘上铝质指针平时静止，停在左侧零线上。表盘上有 3

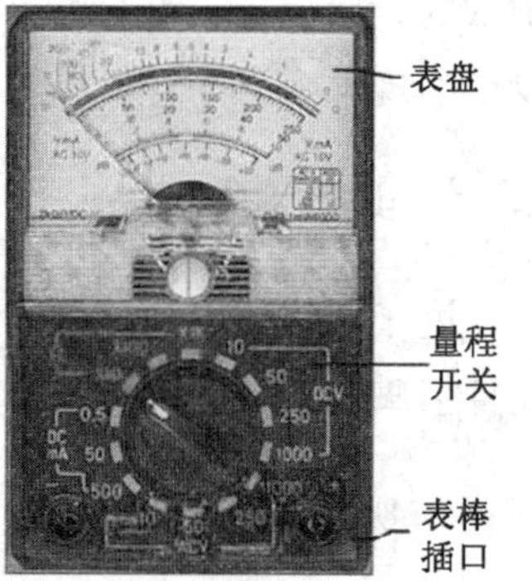

表盘
量程开关
表棒插口

图 1-5-1　小型的指针万用表外形图

条主要的刻度：第一条测量电阻的欧姆挡，第二条直流电压、电流挡，第三条交流电压挡。量程开关则对应电阻、电流和电压的量程选择。

（1）电阻的测量。测量电阻的第一步是选择量程，大致确定被测电阻的范围选择量程，如被测电阻为 1000Ω 左右，可选择 $R\times100$ 挡；第二步是识读指针在欧姆刻度上读数；第三步将读数乘上该挡量程的倍乘数，得出最终该电阻的阻值。如指针读数为 20，将 20 乘上该挡量程（如 $R\times100$）的倍乘数（即 100），最终得出该电阻的阻值为 2000Ω。图 1-5-2 所示的是测量电阻时的表棒连接状态。

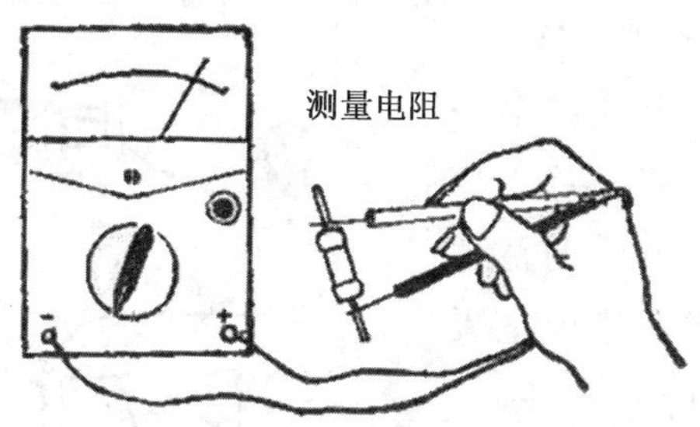

图 1-5-2　测量电阻时的表棒连接状态

（2）直流电压的测量。直流电压测量前，先要将表盘指针调零。图 1-5-3 所示的是用旋凿进行机械调零：用旋凿直接旋表盘中间的螺丝，直至指针为零。

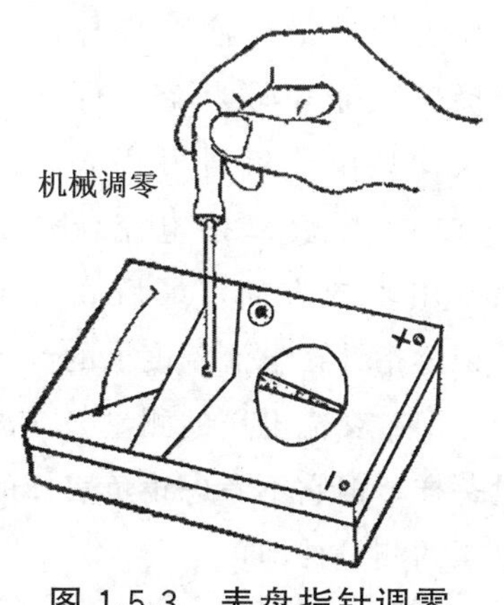

图 1-5-3　表盘指针调零

测量直流电压的第一步是选择量程，大致确定被测电压的范围，如测量 1 节电池的电压，电池电压在 1.5V 左右，量程则选 5V 挡。图 1-5-4 所示的是测量电压时的表棒连接状态。注意表棒碰接应处于并联状态，即红表棒接正极，黑表棒接电池负极。然后直接识读指针在电压刻度上的读数。

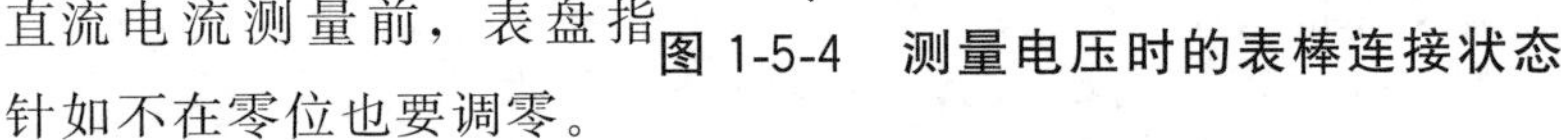

图 1-5-4　测量电压时的表棒连接状态

（3）直流电流的测量。直流电流测量前，表盘指针如不在零位也要调零。

测量直流电流，第一步也是选择量程，首先要大致确定被测电流的范围以便选择量程，然后把表棒串联接入电路中。图 1-5-5 所示的是测量电流时的表棒连接状态。注意表棒碰接应处于串联状态：即红表棒接电流流进万用表的方向，黑表棒接电流流出万用表的方向。最后直接识读指针在电流刻度上的读数。

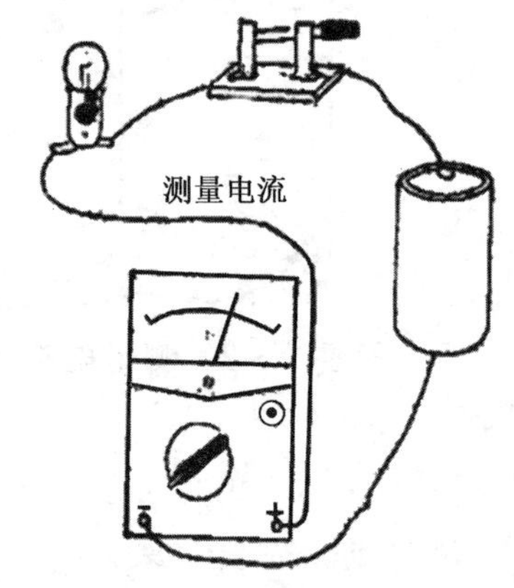

图 1-5-5　测量电流时的表棒连接状态

（4）交流电压的测量。交流电压的测量基本与直流电压的测量一样，但它不考虑正负表棒的选择，只需把量程开关旋到交流电压的测量挡即可。

2. 数字式万用表的使用

这里介绍的数字式万用表的型号为 DT-830，这是一种小型的、显示数字 3 位半的电表（显示第一位是符号，故为半位）。图 1-5-6 所示的是数字式万用表的外形。其上端为高 12mm（毫米）的液晶显示器，中间为一个旋转式量程开关，下端有晶体管测试孔和表棒插孔。其量程开关带有电源开关，不使用时，量程开关应选旋至“OFF”位置。当显示器出现“BAT”等符号时，说明万用表的内部电池不足，需要更换电池。

图 1-5-6　数字式万用表 DT-830 的外形

（1）电阻的测量。先把红表棒插头插在“VΩmA”端口，将黑表棒插头插在“COM”端口，再将量程开关旋至合适电阻挡口；然后将两个表棒与被测电阻两端碰接，并直接从显示器上读出电阻数。如果想直接在电路板测量在线电阻，则先要关闭电路板上电源，同时电路板上电容器都要放光电，否则测不准电阻。这一点数字式与指针式万用表不同，在实际应用中应注意。

（2）直流电压的测量。先把红表棒插头插在“VΩmA”端口，将黑表棒插头插在“COM”端口，再将量程开关旋至合适的测量电压的挡口；如不能确定电压范围，就选择最高的量程挡。

（3）直流电流的测量。若测量电流小于 200mA，测量时，先把红表棒插头插在“VΩmA”端口；若测量电流大于 200mA，测量时，先把红表棒插头插在“10A”端口，黑表棒插头仍插在“COM”端口，量程开关旋至合适测量直流电流的挡口；如不能确定电压范围，就选择最高的量程挡。

（4）交流电压的测量。先把红表棒插头插在“VΩmA”端口，将黑表棒插头插在“COM”端口，再将量程开关旋至合适的测量交流电压的挡口，然后用表棒直接测量线路交流电压。

（5）晶体二极管好坏与通断测量。判别好坏：表棒仍用上述接法，量程开关选择测量二极管的挡口，红表棒接二极管正极，黑表棒接二极管负极，此时显示二极管的正向压降近似值。反过来测量，显示“1”，说明二极管是好的。

判别通断：当测量电路两端的电阻小于 70Ω，电表认为是通，会发出蜂鸣声；否则电表显示“1”，表示电路断开，不发声。

（6）晶体三极管测量。把量程开关旋到 HFE 挡，将 PNP 或 NPN 三极管 E、B、C 三个引脚分别插在对应的插口，此时显示器显示三极管的直流放大系数。

第二章　分立元件的应用制作

在第一章中，我们初步了解了电子制作是怎么回事，认识了一些电子元件，并适当准备了一些工具并选购了电子元件，这样就可以进行电子制作了。

初次进行电子制作，考虑其制作方便和安全，先不考虑使用电烙铁，只需要准备1块厚10mm左右、宽50mm、长60mm的木板，和一些3mm×8mm的自攻螺丝、垫圈，就可以了。本章第1～8个电子制作是在木板上进行的；第9～15个电子制作是在塑料螺孔板上进行的。同样，进行这些电子制作都不需要电烙铁，只需要购置电子套件。

一、土壤湿度指示器

你种的花口渴了吗？由于它们不会说话，因此你常常忘了给它们喝水。为了增进彼此的了解，关心这些不会说话的花卉，你不妨按照下列电路制作一个湿度指示器。

1. 制作所需元件

电阻器：R1，390Ω，1只；R2，100kΩ，1只。

晶体二极管：D1，1N4001，1只。

发光二极管：D2，LED，1只。

晶体三极管：VT，9013，1只。

其他：9V层叠电池；单股塑料导线若干；自攻螺丝和垫圈各10只；电子安装木板1块。

2. 制作过程

（1）将图 2-1-1 所示土壤湿度指示器的安装图剪下或复印后剪下贴在电子安装木板上。

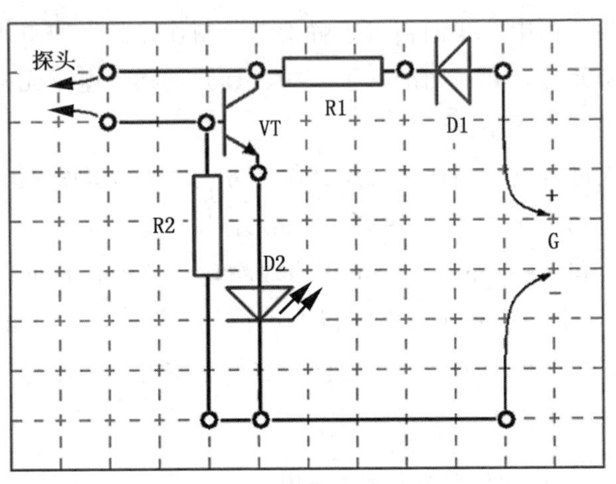

图 2-1-1　土壤湿度指示器安装图

（2）按照安装图和图 2-1-2 所示的实物参考图分别将电子元件固定在底板上，特别注意发光二极管和三极管的极性，不能搞错。

（3）按照图示用导线把各元件连接好。

（4）用 2 根 25cm 的塑料硬导线，将其两头各剥去 1cm 长的塑料套作为探头，并和电路连接好。

（5）检查无误后接上电源，先将你的两手的食指和拇指舔湿，然后分别捏住探头的两端，此时发光二极管应该被点亮。如果你直接把探头的两端连接在一起，发光二极管发出的光会更亮。如果安装电路完毕后，按上述实验不能正常工作，检查的方法很简单，只要用一根导线把三极管 E 极和 C 极短接一下，如果发光二极管被点亮了，说明三极管安装有误或者三极管损坏了，只要换一个新的三极管即可。如果发光二极管仍然不亮，说明该发光二极管极性安装有误或者损坏了，需要更换发光二极管。

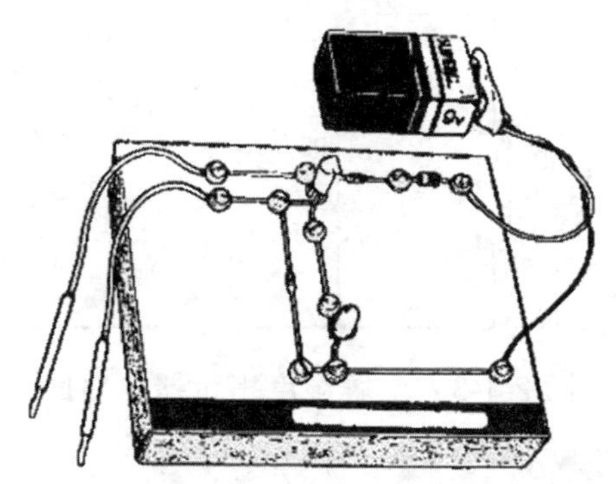

图 2-1-2　土壤湿度指示器实物参考图

3. 电路工作原理

想知道电路是怎样进行工作的吗？这就是要了解它的电路工作原理，可根据电路图进行分析。图 2-1-3 是土壤湿度指示器电路图。在这个电路中，三极管相当于一个开关。如果探头所插的泥土深处是干燥的，这就相当于在探头两端接了一个阻值很大的电阻。这时电流从电源正极流出，经过这个阻值很大的电阻，注入三极管基极时就很小，所以三极管集电极和发射极之间也就没有电流流过，相当于一个断开的开关。当然发光二极管因为没有电流流过而不会被点亮。与此相反，如果将探头插在湿润的泥土里，由于水的导电作用，探头两端的电阻就会变小，注入三极管基极的电流就会增大，只要有了足够的基极电流，集电极和发射极之间就会导通，相当于一个闭合的开关。这时有电流流过发光二极管，发光二极管就被点亮了，告诉你泥土是湿润的。

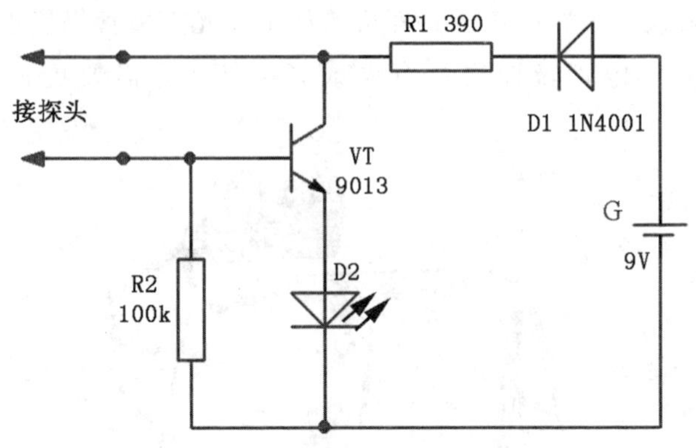

图 2-1-3　土壤湿度指示器电路图

二、闪光报讯灯

在铁路道口你一定看到那闪光报讯灯吧，每当火车即将要通过道口时，闪光报讯灯就会一闪一闪发光，同时伴随发出报警声音，它提醒人们，火车马上就要通过道口了。本节介绍制作一个具有这一功能的电子装置，当然你也可以把它应用到其他场合。

1. 制作所需元件

电阻器：R1，390Ω，1 只；R2、R3，10kΩ，2 只。

电容器：C1、C2，100μF，2 只。

二极管：D1，1N4000，1 只。

发光二极管：D2、D3，LED，2 只。

三极管：VT1、VT2，9013，2 只。

其他：9V 层叠电池，单股塑料导线若干，自攻螺丝及垫圈各 17 只，电子安装木板 1 块。

2. 制作过程

（1）将图 2-2-1 所示闪光报讯灯的安装图剪下或复印后贴在电子安装木板上。

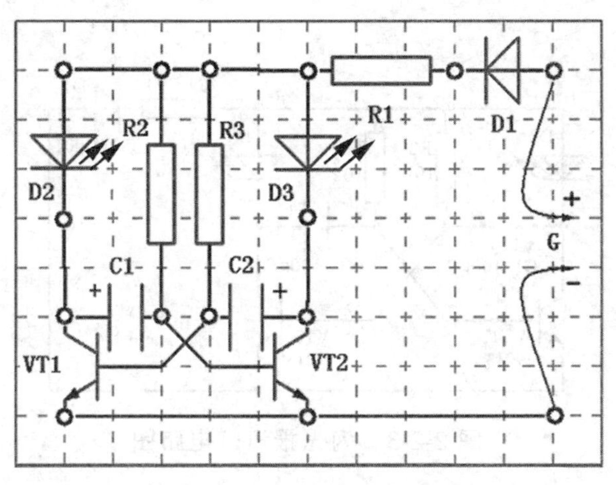

图 2-2-1 闪光报讯灯安装图

（2）按照闪光报讯灯安装图和实物参考图 2-2-2，将各个元件分别用自攻螺丝固定在木板上，特别注意发光二极管、电容器和三极管的极性，不能搞错。

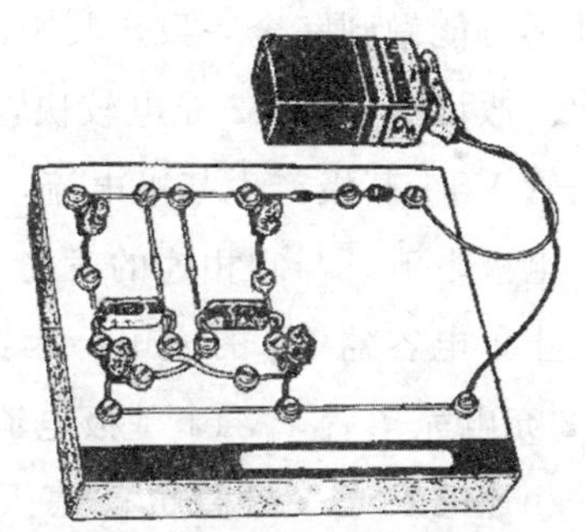

图 2-2-2 闪光报讯灯实物参考图

（3）按照图示用导线把各元件连接好。中间电路上交叉连接注意相互绝缘。

（4）检查无误后接上电源，这时 2 个发光二极管应该交替发光。如果不正常，那么就应该仔细地检查各个元件是否接错，特别是晶体三极管的极性要反复检查多次，查出问题，及时更正。

3. 电路工作原理

图 2-2-3 是闪光报讯灯电路图，现在，来分析这个电路的原理：

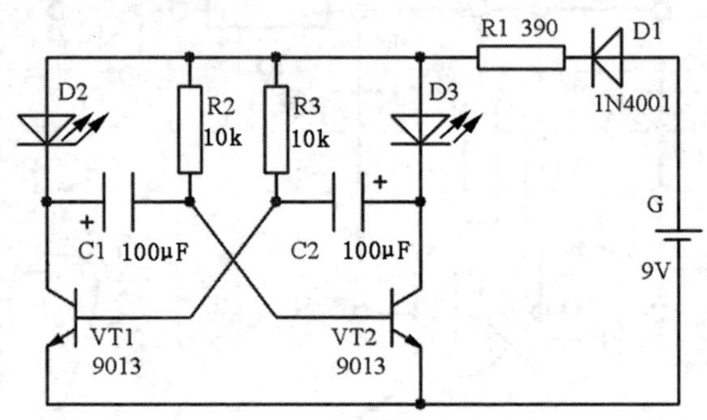

图 2-2-3 闪光报讯灯电路图

接通电源以后，2 个电容器开始充电，由于 2 个电容器的特性不可能做到完全一致，其中的一个可能比另一个充电速度来得快。假设电容器 C2 充电较快，这样就会使和它相连接的晶体三极管 VT1 基极产生基极电流，从而使 VT1 首先导通，随即产生集电极电流，与它相连的发光二极管就会被点亮。VT1 的导通，阻止了电容器 C1 的充电，因此它只能放电，使 VT2 截止。当 C2 充电完毕后，VT1 基极电流消失，VT1 由导通变成截止，与它相连的发光二极管也就熄灭。但与此同时，由于 VT1 截止，电容 C1 却开始充电，使与它相连的 VT2 基极产生基极电流，VT2 被导通，与 VT2 集电极相连的发光二极管被点亮。上述过程周而复始地重复下去，就使得 2 个发光二极管不断地交替发光。如果要改变 2 个发光二极管发光的频率，只要改变一下 2 个电容器的容量，或者改变一下 2 个电阻的阻值即可，不妨动手试一试。

三、电子蜡烛

按照我国传统习惯，每逢正月十五的晚上都要张灯结彩闹元宵，孩子们都喜欢制作一只兔子灯，拉着它在街上玩耍。兔子灯里面是一支蜡烛，风一吹，蜡烛就会熄灭。这里介绍一个电子蜡烛，它不怕风吹。一接通电源，小电珠就会像蜡烛那样闪闪发光，在节日里给你带来欢乐。

1. 制作所需元件

电阻器：R1，33kΩ，1 只；R2，1.2kΩ，1 只；R3，100Ω，1 只。

电容器：C，33μF，1 只。

二极管：D，1N4001，1 只。

三极管：VT1，9013，1 只；VT2，9015，1 只。

其他：层叠电池，单股塑料导线若干，自攻螺丝和垫圈各 15 只，小电珠（2.5V 100mA）1 只，电子安装木板 1 块。

2. 安装过程

（1）将图 2-3-1 所示电子蜡烛的安装图剪下或复制后，贴在木板上。

（2）按照电子蜡烛安装图和实物参考图 2-3-2 的要求，把各个元件用自攻螺丝和垫圈固定在木板上。

（3）在单股塑料导线头上剥去塑料套，用自攻螺丝与各个元件连接，要绝对保证接触良好。

（3）仔细检查电路，直到没有错误方可接通电源。制作时可以参考实物参考图 2-3-2。

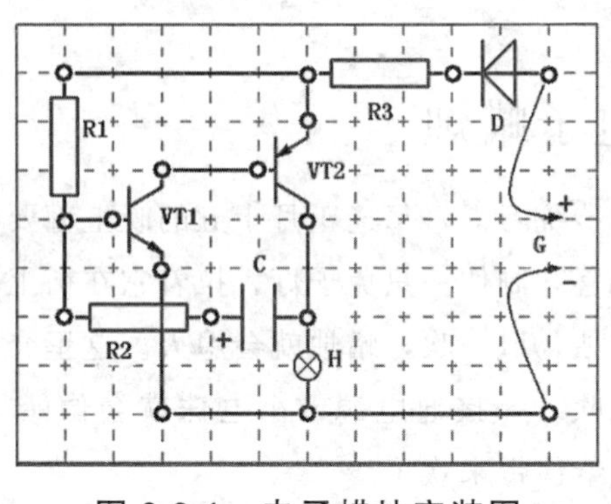

图 2-3-1　电子蜡烛安装图

（5）电路接通后，电珠会一闪一闪地发光。如果嫌闪光太慢，可以把阻值为 33kΩ 的电阻 R1 换成 27kΩ 的；如嫌闪光太快，可将之换成 39kΩ 的电阻。

（6）试用后，你就可以把整个装置安装在兔子灯内。

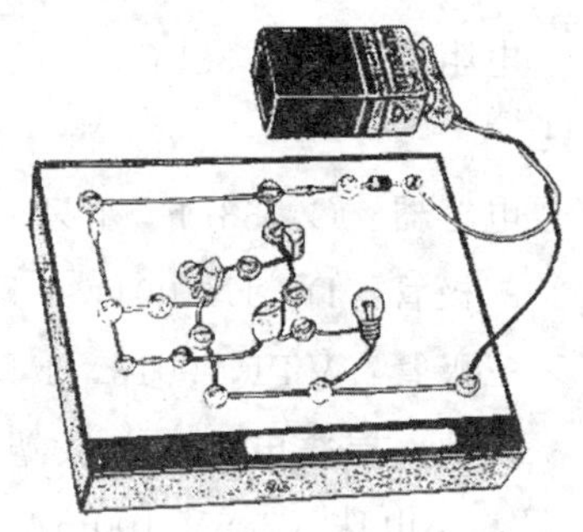

图 2-3-2　电子蜡烛实物参考图

3. 电路工作原理

图 2-3-3 是电子蜡烛的电路图，在这个电路里，三极管 VT1 和 VT2 和其他元件一起组成一个互补振荡器。它的原理是利用两种不同极性的三极管串接，产生反相信号，通过电容 C 及电阻 R2 反馈，激起电流振荡。振荡频率与电容 C 和电阻 R1、R2 的数值有关，可以用下式计算：

$$f=(R_1+R_2)\times C\div 1000$$

其中，电阻单位用 kΩ，电容单位用 μF。

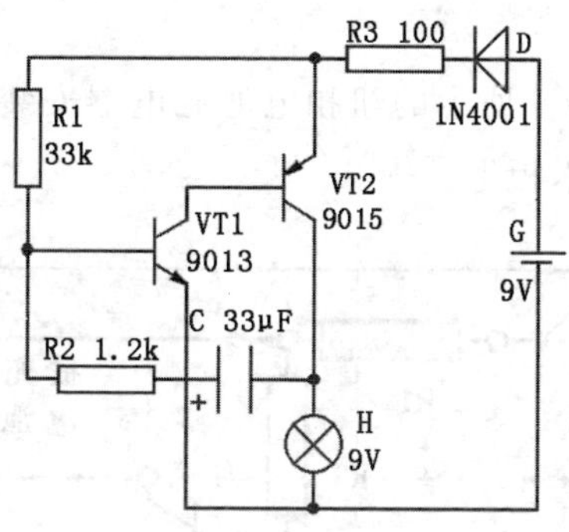

图 2-3-3　电子蜡烛电路图

电子蜡烛也可以应用在其他场合，如各种模型的闪烁灯、航标灯、节日彩灯等。

四、纽扣电池充电器

在一般微型电子装置里，如游戏器、遥控器里都少不了小小的纽扣电池，你一定会为它一段时间就耗完电而烦恼吧，一颗新的纽扣电池价钱既不便宜，也不易买到。这里介绍一个非常简单的充电装置，花费不多，制作又容易，有了它你可以尽情地使用这些电子小装置。

1. 制作所需元件

电阻器：R1、R2，150Ω，2 只；R3，1kΩ，1 只。

晶体二极管：D1、D2、D3，1N4001，3 只。

晶体三极管：VT，9013，1 只。

其他：晾衣木夹 1 只，9V 层叠电池 1 节，单股塑料导线，自攻螺丝和垫圈各 13 只，电子安装木板 1 块。

2. 制作过程

(1) 将图 2-4-1 所示的纽扣电池充电器安装图剪下或复制后贴在电子制作的木板上。

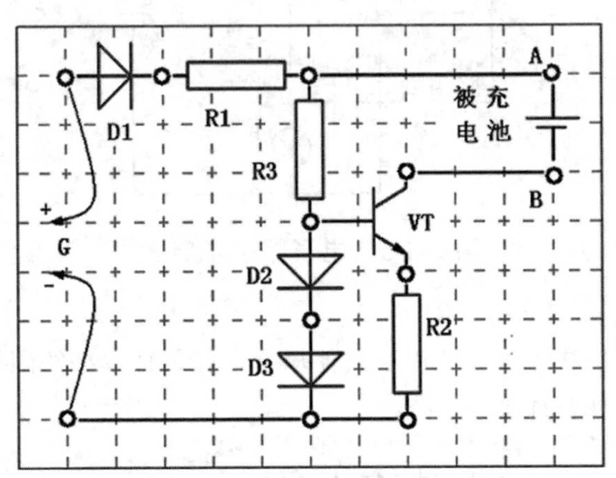

图 2-4-1　纽扣电池充电器安装图

(2) 按照安装图所示各个元件位置，把各个元件固定板上。注意二极管和三极管的极性，不能有错。

(3) 用单股导线把各元件连接起来，要保证接触良好，制作时可参考图 2-4-2 所示的实物参考图。

(4) 用晾衣木夹作纽扣电池充电夹具，用钻子在木夹头中央上钻个小洞，粗铜丝穿过去弯曲后做个接触面，再用导线引出，用红、黑颜色区分极性。这红、黑色导线分别接电子安装板上正、负端。纽扣电池正负对应夹在夹具之间，纽扣电池外壳为负，内芯为正。接上电源 5 小时后，对纽扣电池充电完毕。

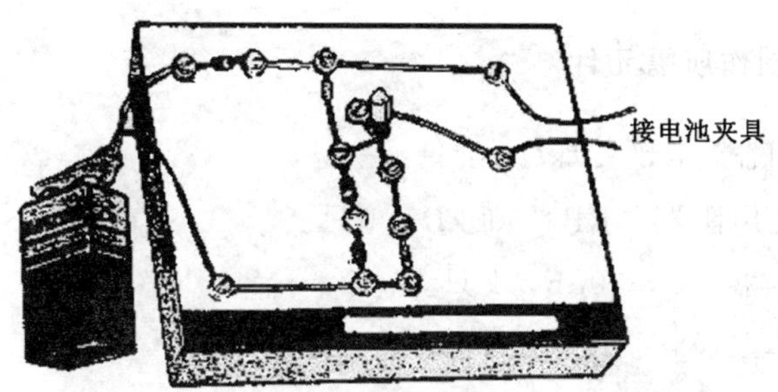

图 2-4-2　纽扣电池充电器实物参考图

3. 电路工作原理

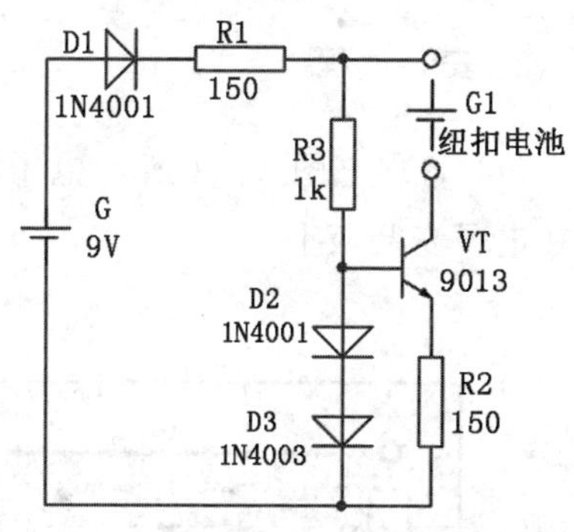

图 2-4-3　纽扣电池充电器电路图

图 2-4-3 是纽扣电池充电器电路图，在这个电路里，以三极管 VT 和其他元件组成恒流电路。在 VT 的基极回路中，接有 2 个串联的二极管 D2、D3，在导通情况下，VT 基极上保证有 1.4V 的恒定电压，这个电压使 VT 集电极上能输出恒定电流，它可以对纽扣电池充电，长时间的充电可以激活纽扣电池中化学物产生电的机能，使纽扣电池复活，重新工作。

五、电子模拟声发音器

你一定听到过摩托艇的“扑扑”声和老式挂钟发出“嘀嗒”声，以及雨点打在铁皮屋顶上的响声。下面介绍的这个简单的电路装置，可以模拟这些你所熟悉的声音，这些声音还可以起到催眠作用，不妨自己动手试一试。

1. 制作所需元件

电阻器：R，4.7kΩ，1只。

可变电阻器：RP，500kΩ，1只。

电容器：C，10μF，1只。

晶体二极管：D1，1N4001，1只。

发光二极管：D2，LED，1只。

晶体三极管：VT1，9013，1只；VT2，9015，1只。

其他：9V层叠电池1节，单股塑料导线若干，自攻螺丝和垫圈各18只，扬声器1只，电子安装木板1块。

2. 安装过程

(1) 将本书图2-5-1所示电子声发音器安装图剪下或复制后贴在电子安装板上。

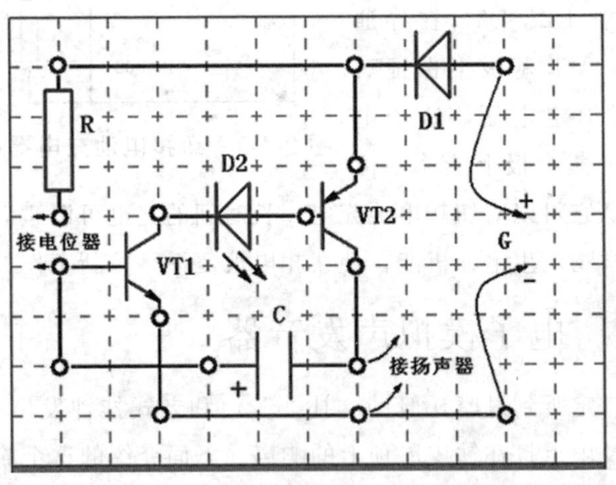

图 2-5-1 电子模拟声发音器安装图

（2）按照图 2-5-2 所示的实物参考图，把各个元件固定在板上，并用导线将它们连接好。其电路如图 2-5-3 所示。

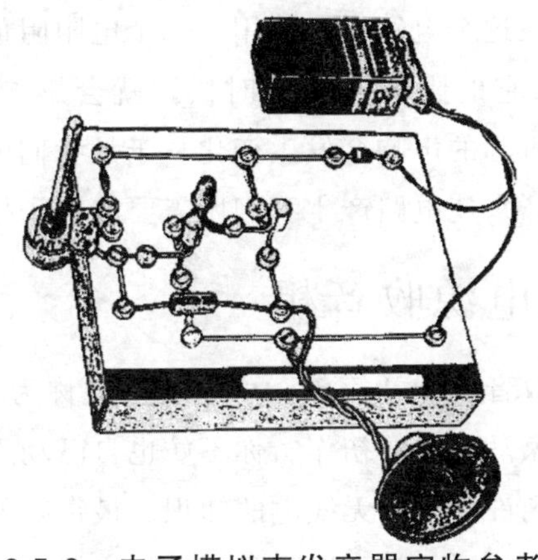

图 2-5-2　电子模拟声发音器实物参考图

（3）电位器有 3 个接点，你可以按图所示的方法固定。用导线将扬声器与板上螺丝连接好。

（4）检查无误后可以接上电源，这时你可以听到扬声器发出的声音。

（5）慢慢地调节可变电阻器的旋柄，扬声器发出的声音会随之发生变化，仔细调节，便可产生你所熟悉的声音了。

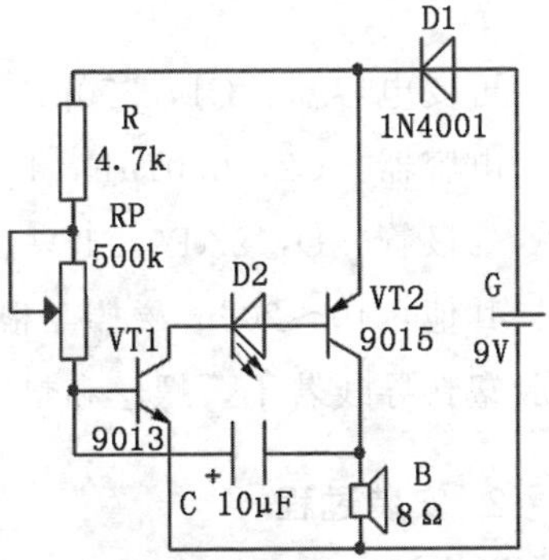

图 2-5-3　电子模拟声发音器电路图

3. 电路工作原理

这个电路的工作原理和前面介绍的电子蜡烛电路的原理基本

是一致的。利用电容C将三极管VT2输出信号的一部分反馈到三极管VT1的输入端，使电路产生振荡，扬声器就会发出响声。所不同的是，在这个电路里，使用了一个电阻阻值可以改变的可变电阻RP。当它的阻值改变的时候，就会影响电路的振荡频率，扬声器里听到的声响会发生变化。于是我们就可以通过调节电位器的阻值，来使电路产生我们所需要的电子模拟声音来。

六、无电源收音机

尽管这个收音机非常简单，可它却是被称为“无线电之父”的意大利科学家马可尼的初作。你不妨也自己动手安装一个，一定可以从中学到许多有关无线电的知识。最奇妙的是这个收音机不需要使用任何电源，就可以听到美妙的广播音乐了。

1. 制作所需元件

可变电容器：C1，270pF，1只。

电容器：C2，0.01μF，1只。

二极管：D，2AP9，1只。

其他：10～20cm磁棒1根，耳机1只；多股漆包绞合导线；单股塑料导线若干，螺丝和垫圈各11只，电子安装底板1块。

2. 安装过程

（1）将图2-6-1所示无电源收音机的安装图剪下或复制后贴在电子安装木板上。

（2）按照无电源收音机实物参考图图2-6-2所示，把各个元件固定在木板上，并用导线把它们连接起来。

（3）在这个电路中，二极管的安装可无需考虑它的正负极性。

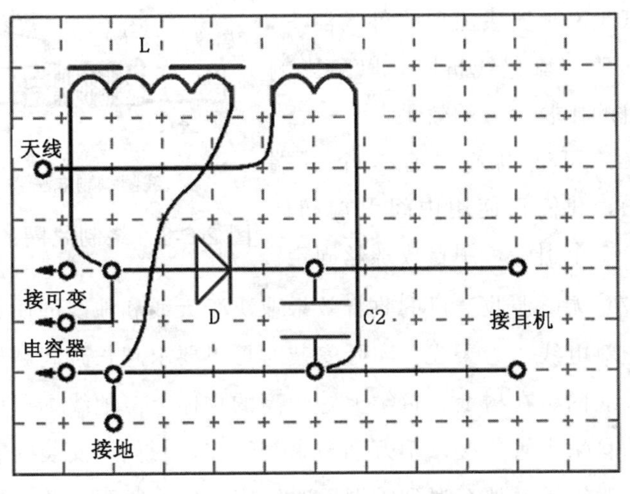

图 2-6-1　无电源收音机安装图

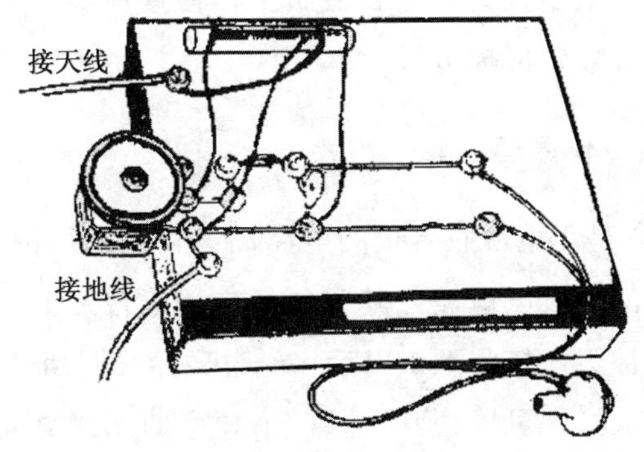

图 2-6-2　无电源收音机实物参考图

（4）磁棒线圈是用多股很细的漆包绞合线绕制成的，有两组线圈：一组 88 圈，一组 18 圈。它们分别绕在磁棒面上。图 2-6-3所示的是绕制线圈的方法。

（5）固定线圈引线，先把线圈外层的一层纱线去掉，然后用细砂纸小心地磨去漆包线外的漆皮，注意不要把漆包线折断，以免影响收音机的接收信号的效果。

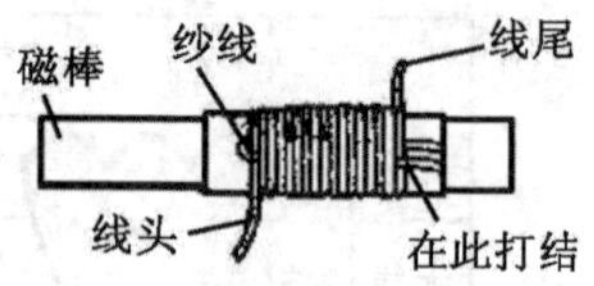

图 2-6-3　绕制线圈的方法

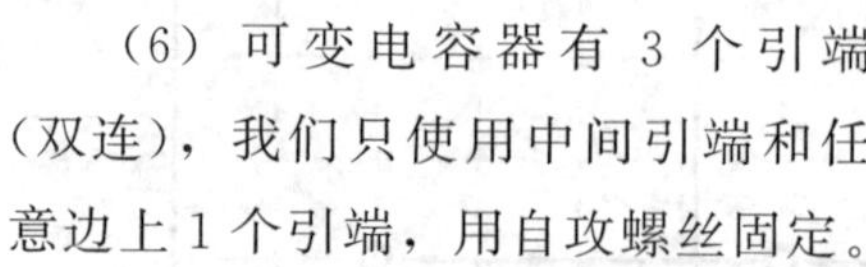

(6) 可变电容器有 3 个引端（双连），我们只使用中间引端和任意边上 1 个引端，用自攻螺丝固定。

(7) 无电源收音机的收音效果取决于天线和地线的质量。可以用塑料电线作为天线，实际安装时可以要求越长越高越好。可以把天线固定在树上、竹竿上等较高的物体上。地线则可以和你家里的自来水管连接，千万别与煤气管连接。如果安装的天线附近没有避雷针，那么遇到雷雨天时，应该停止收听，并把天线与地线连接起来。

(8) 把耳机引线也固定在底板上，慢慢地旋转可变电容器，就可以听到美妙的广播节目了。

3. 电路工作原理

图 2-6-4 是无电源收音机的电路图。在我们周围空间里，有着许许多多的无线电电波，其中包括广播电台发出的无线电波，当这些电波被天线接收下来以后，经过磁棒线圈和可变电容组成调谐电路的选择，可以把其中某一个频率的无线电波选择出来，再经过二极管的处理后，通过耳机还原出声音。由于我们把磁棒线圈和可变电容器的接收和选择范围控制在能接收中波广播节目频率范围里，因此当你慢慢旋动可变电容器时，就可以接收到中波段里中不同的广播节目。当然，关于收音机的接收原理是很复杂的，相信随着学习的不断深入，你的兴趣一定会更大，那时候你再自己分析其中的奥妙吧。

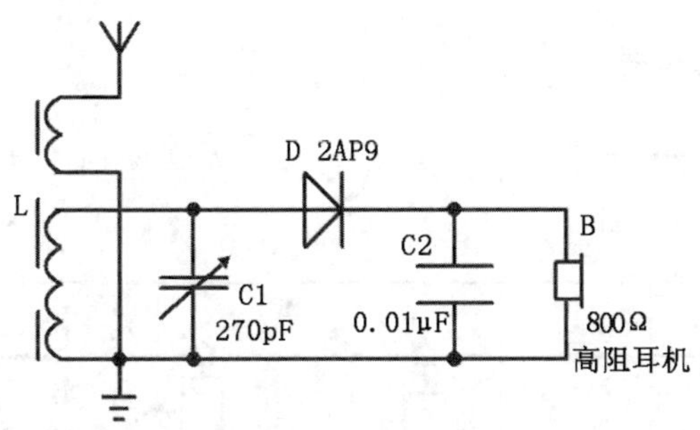

图 2-6-4　无电源收音机电路图

七、温度报警器

你家养热带鱼吗？美丽的神仙鱼悠闲地在水里游动，使人赏心悦目。但热带鱼很娇嫩，天冷就受不了。这里给你介绍一个温度报警器，它对温度很敏感，不仅可以对鱼缸内的温度报警，也可以应用于其他场合。

1. 制作所需元件

电阻器：R1、R5，1kΩ，2 只；R2、R6，4.7kΩ，2 只；R3，68Ω，1 只；R4，10Ω，1 只。

可变电阻器：RP，10kΩ，1 只。

热敏电阻器：RT，1kΩ，1 只。

晶体二极管：D1，1N4001，1 只。

发光二极管：D2，LED，1 只。

晶体三极管：VT1、VT2，9013，2 只。

其他：9V 层叠电池 1 节；单股塑料导线若干，自攻螺丝和垫圈各 18 个，电子制作用木板 1 块。

2. 安装过程

（1）将图 2-7-1 所示温度报警器的安装图剪下来或复制后，贴在电子制作木板上。

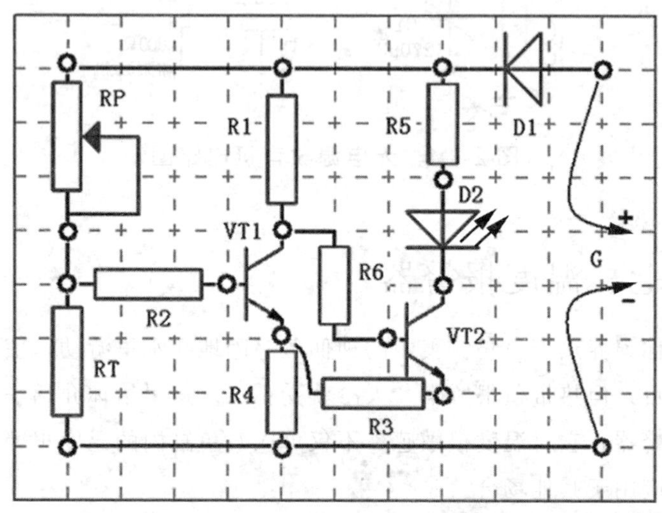

图 2-7-1 温度报警器安装图

（2）按照安装图所标出的元件位置，用自攻螺丝和垫圈把各个元件一一固定。

（3）用单股导线把各个元件连接起来，注意要保证接触良好，具体可以参照图 2-7-2。

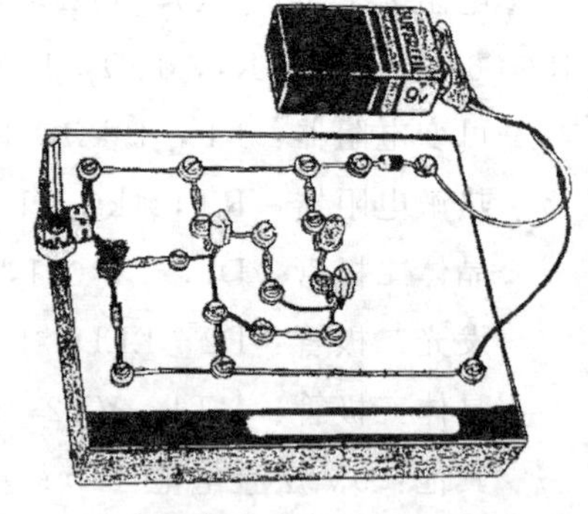

图 2-7-2 温度报警器实物参考图

（4）检查电路数遍后，通上电源，慢慢调节可变电阻 RP 达到某一阻值，使 LED 发光二极管点亮；然后再反方向调节 RP，使 LED 发光二极管刚好熄灭，这一点就是你所处环境的温度报警器报警的临界点。

（5）其他温度报警均可参照上述方法实验。

（6）上述方法均是温度高时的报警，你可以把 RT 热敏电阻与 RP 的位置换一换，就可以作温度低时的报警了。

（7）如果此温度报警器要直接作为温度控制开关，只要把电阻 R5 和发光二极管换下来，换上一个 9V 继电器开关就可以了。

3. 电路工作原理

图 2-7-3 是温度报警器电路图，在这个电路里，热敏电阻 RT 和 RP 组成一个分压器，使 A 点电位在 0～9V 变化。温度正常时，热敏电阻 RT 阻值较大，A 点电位高，三极管 VT1 导通，B 点电位低，三极管 VT2 截止，发光二极管不亮。当温度升高时，热敏电阻 RT 阻值变小，A 点电位低，三极管 VT1 截止，B 点电位高，三极管 VT2 导通，发光二极管亮，发出警报。调节 RP 阻值就是改变 A 点的电位，相应改变温度受控点。

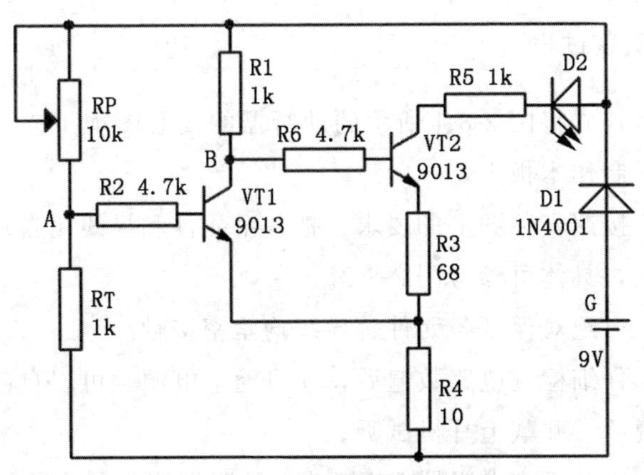

图 2-7-3　温度报警器电路图

八、电子助听器

一般年纪大的老人的听觉都不大好，如果你能够制作一个电子助听器，一定会给老人的生活和娱乐带来很大的方便。下面介绍制作一个电子助听器，该电路所用元件不多，制作也较容易，可以把它作为献给老人的一份礼物。

1. 制作所需元件

电阻器：R1，47kΩ，1 只；R2，470kΩ，1 只；R3，180kΩ，1 只；R4，430Ω，1 只。

可变电阻器：RP，4.7kΩ，1 只。

电容器：C1，4.7μF，1 只；C2，10μF，1 只。

晶体二极管：D，1N4001，1 只。

晶体三极管：VT1、VT2、VT3，9013，3 只。

其他：驻极体话筒 1 只，耳机 1 只，9V 层叠电池 1 节；单股塑料导线若干，自攻螺丝和垫圈各 22 个，电子制作木板 1 块。

2. 安装过程

（1）首先将图 2-8-1 所示的助听器的安装图剪下来，或复制贴在电子制作木板上。

（2）按照安装图上的要求，把各个元件和导线用自攻螺丝固定在板上，具体可参考图 2-8-2。

（3）要绝对保证各元件、导线均紧密接触。

（4）仔细检查电路数遍后，才可通上电源，可以自己对着话筒轻声说话，并戴上耳机试听。

（5）旋动可变电阻器 RP 以改变助听器音量的大小，直到助听器处于最佳的听觉位置．此时应该清楚听到环境的各种声音。

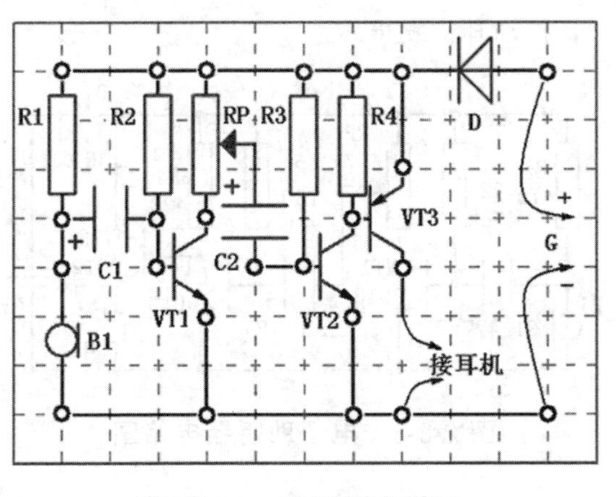

图 2-8-1　助听器安装图

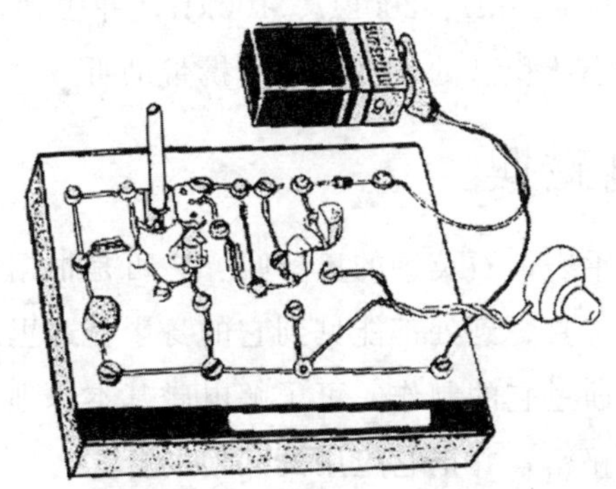

图 2-8-2　助听器实物参考图

3. 电路工作原理

图 2-8-3 是电子助听器的电路图。在这个电路里，有两级音频放大器。三极管 VT1 与电阻 R2 和可变电阻 RP 组成单管放大器。驻极体话筒 B 把环境声音转换为音频电流，经电容 C1 传到 VT1 基极，经放大信号后从集电极上 RP 输出，再经过电容 C2 送到 VT2 基极。VT2 和 VT3 组成直接耦合式放大器，把信号

进一步放大，推动耳机发声。

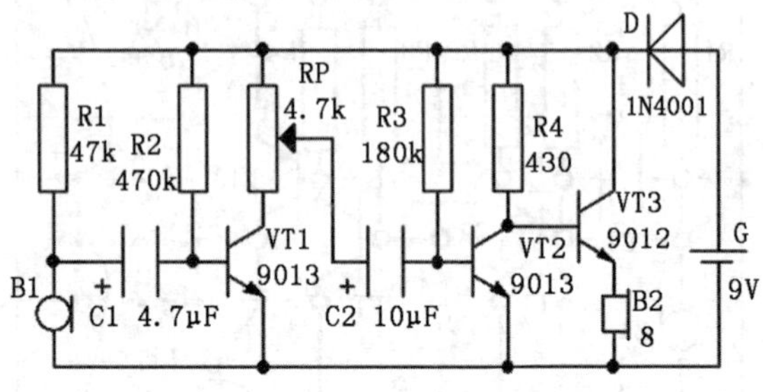

图 2-8-3　电子助听器电路图

电子助听器还可采用 1.5V 干电池供电，如果把 R1、R3、R4 阻值分别改为 15kΩ、200kΩ、100kΩ，并去掉二极管 D，整个电路就变成小体积型的，可以随身携带助听。

九、电磁摆

知道电子手表、石英钟的奥秘吗？它可是根据电与磁的原理来研制的计时工具，到处都能见到它的身影。这里介绍电磁摆的一个小制作，通过它的制作，可了解电磁基本原理，还了解了电子钟表的工作秘密，并把它应用到其他场合。

从这一节开始我们将使用螺孔板电子制作套件，它能使你非常方便地进行电子实验和制作，为你创作一个个有趣的电子作品。

1. 制作所需元件

电阻器：R1，100Ω，1 只；R2，2.2Ω，1 只。

电容器：C，2200，1 只。

发光二极管：D，LED，1 只。

电感器：L，配套件，1套。

其他：干簧管2只；磁铁2块；3mm孔焊片2片；5号电池2节和电池盒1只，塑料立柱和摆配套件1套；导线和ϕ3mm×8mm螺丝若干，塑料螺孔板1块。

2. 制作过程

（1）首先仔细看图2-9-1所示的电磁摆安装图，特别要记住各大塑料件和干簧管的安装的位置。

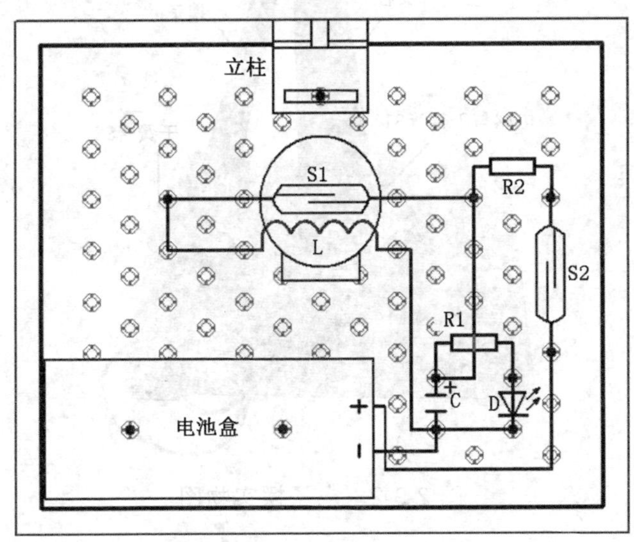

图2-9-1 电磁摆安装图

（2）按照先安置大的元件、再安装小的元件的次序，按图2-9-1所示的位置把所有元件安装在塑料螺孔板上。特别对塑料电感底柱和立柱，要严格按图示位置安装，否则电磁摆不能正常摆动。干簧管A安置在电感底柱的内部。

（3）图2-9-2是电磁摆的制作好的实物图，由图可知螺孔板上各元件安置情况，并对照你的制作。先连接好全部部件，试一试放置磁铁摆子，再用手拨动它使它自由摆动。如有不顺畅的现象，可通过调整底柱和摆子的相对位置来解决。

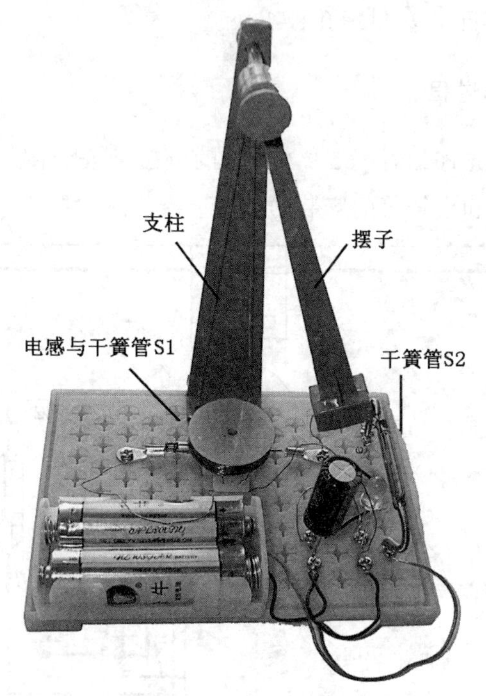

图 2-9-2　电子摆实物图

（4）装上电池，用磁铁碰干簧管 S2 使它吸合通电，用手拨动摆子摆动。此时若正常工作，摆子将持续不停地摆动。如还有中途停摆的现象，可再调整底柱和摆子的相对位置来解决。

3. 电路工作原理

图 2-9-3 是电磁摆的电路图，干簧管 S2 用来作磁控开关。当磁铁靠近干簧管 S2，干簧管 S2 吸合导通，电源供电给电磁摆

电路，此时发光二极管发光，指示电路工作，同时电容上充足够的电能。

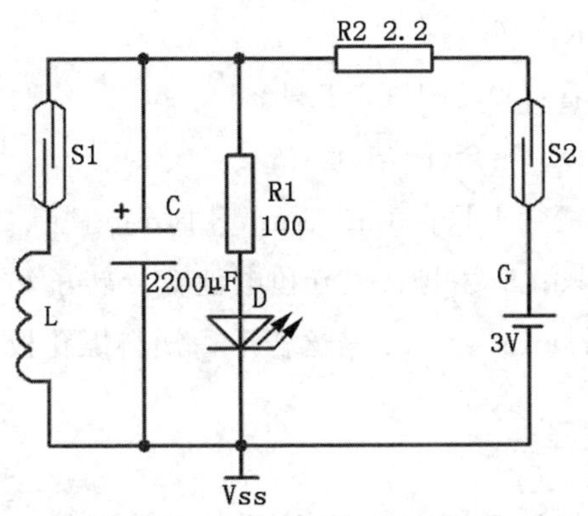

图 2-9-3　电磁摆电路图

当摆子从右方回落到垂直的位子上时，其内部的磁铁吸合干簧管 S1，电感器瞬间流过电流，产生与磁铁相同磁性。同性相斥力推动摆子继续向左上方运动，这时干簧管 S1 失去磁性而断开电源。摆子到达左上方高位时，运动速度为零，在重力惯性作用下回落。当它回落到底部时，磁铁又一次吸合干簧管 S1，电感器瞬间流过电流，产生与磁铁相同磁性，同性相斥的力促使摆子继续向右上方运动。摆子就这样在电磁力反复作用下，周而复始不断地运动下去。

十、电磁陀螺

小朋友都喜欢玩陀螺，陀螺能在人力的作用下进行高速旋转，甚是好玩。能不能使陀螺永久地不停地旋转？能，那就制作一个电磁陀螺。在电源源源不断供电下，电子陀螺可以持久地旋转，你不妨也来制作一个。

1. 制作所需元件

电阻器：R，100，1只。

发光二极管：D，LET，1只。

电感器：L，配套件，1套。

其他：干簧管1只；3m×6mm×14mm 磁铁2块；ϕ6mm×18mm 螺丝1只；5号电池2节和电池盒；转子和转子支架套件1套；导线和ϕ3mm×8mm 螺丝若干，塑料螺孔板1块。

2. 制作过程

(1) 首先仔细看图2-10-1所示电磁陀螺的安装图，特别要记住塑料转子支架、电感和干簧管安装的位置。把ϕ6mm×18mm 螺丝旋入电感心中。

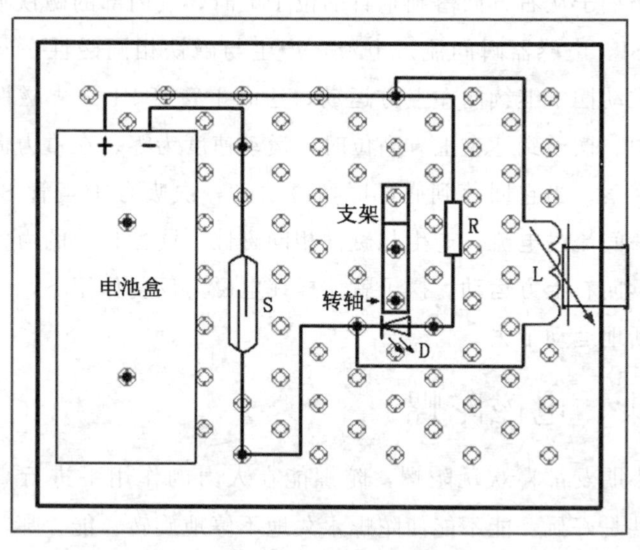

图 2-10-1 电磁陀螺安装图

（2）按照先安置大的元件再安装小的元件的次序，按图 2-10-1 所示的位置把塑料转子支架和干簧管安装在塑料螺孔板上。塑料转子支架、电感和干簧管安装位置严格按图示正确安装，否则电磁陀螺不能正常转动。

（3）图 2-10-2 是电子陀螺的实物俯视图，给出了螺孔板上各元件安置情况，这时转子还没有放置。转子嵌入 2 块磁铁时要注意磁铁的极性。图 2-10-3 实物俯视图中，转子已安置在支架上。

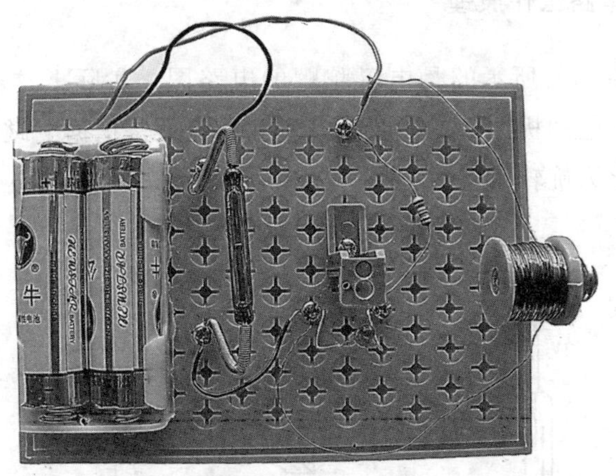

图 2-10-2　电子陀螺实物俯视图（未嵌入磁铁）

图 2-10-3　电子陀螺实物俯视图

（4）全部部件连接好时，先试一试放置转子，用手拨动使它自由转动。如有不顺畅的现象，需调整干簧管等外部元件，不要让它们与转子碰着。

（5）装上电池后，用手拨动转子转动。此时正常工作的话，转子能持续不停地转动。如还有中途停转的现象，可再调整干簧管的相对位置以及调节电感中螺丝来解决。

3. 电路工作原理

图 2-10-4 所示的是电磁陀螺的电路图。实际上这个装置是一个演绎电动机原理的装置。其基本特点就是根据电磁原理，把电能转化为旋转的机械能。

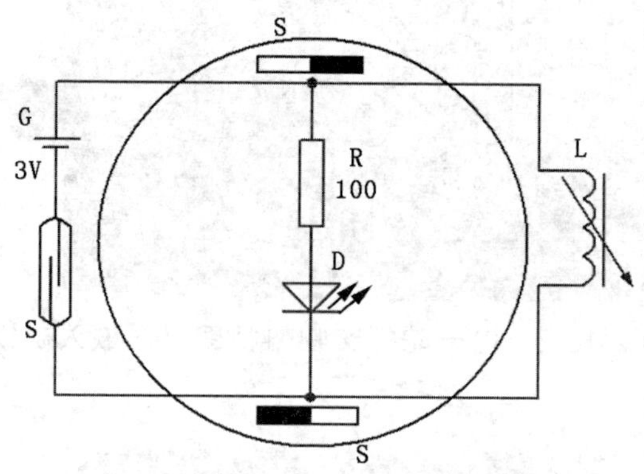

图 2-10-4 电磁陀螺电路图

当转子在一定的位子上时，其转子内部的一个磁铁吸合干簧管，则电感器瞬间流过电流，产生与磁铁相同的磁性，以同性相斥力作用于转子另一个磁铁，转子顺势做圆周运动。当干簧管失去磁性而断开电源，但转子仍因惯性继续运动。当转子中另一个磁铁转到干簧管位子上时，磁铁吸合干簧管，此时电感器又流过电流，产生与磁铁相同的磁性，以同性相斥力作用于磁铁，使转子继续转动。这样在电磁转换反复作用下，转子周而复始不断地进行圆周运动。

十一、模拟电码器

莫尔斯电码通讯是人类最早的一种电子通讯方式，即使在当今世界卫星通讯、数字通讯等先进方式已经实现的情况下，你仍可以在空中接收到成千上万业余无线电爱好者用莫尔斯电码进行通讯联络的电波。尤其在通讯条件极其差的情况下，莫尔斯电码通讯往往能获得成功。这里介绍一个简易模拟电码器，它可帮助你学习莫尔斯电码通讯。

1. 制作所需元件

电阻器：R，220，1 只。

发光二极管：D，LET，1 只。

其他：蜂鸣器 1 只，电键 1 副，5 号电池 2 节和电池盒，导线和 ϕ3mm×8mm 螺丝若干，塑料螺孔板 1 块。

2. 制作过程

（1）图 2-11-1 是模拟电码器安装图，首先按照安装图所示各个元件位置，把各个元件安装固定好。

（2）在安装中应注意发光二极管和蜂鸣器的极性：蜂鸣器的长端（或红引线）是正极，短端（或黑引线）是负极，不能有错。

（3）用单股导线把各元件连接起来，要保证接触良好，制作时可参考图 2-11-2 所示的实物俯视图。

（4）最后安装 2 节 5 号电池，安装完毕后通电一试。当按下

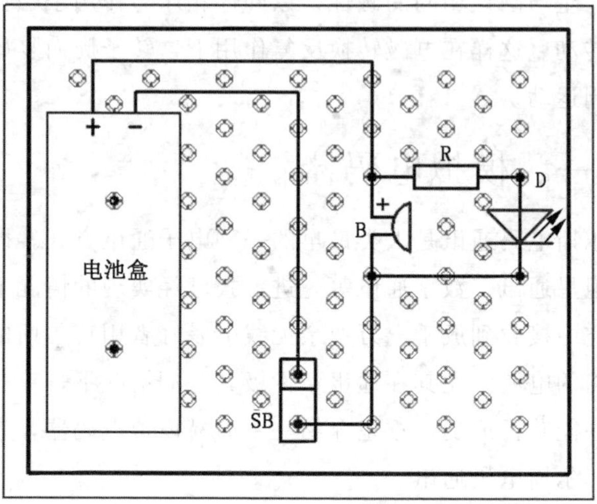

图 2-11-1　模拟电码器安装图

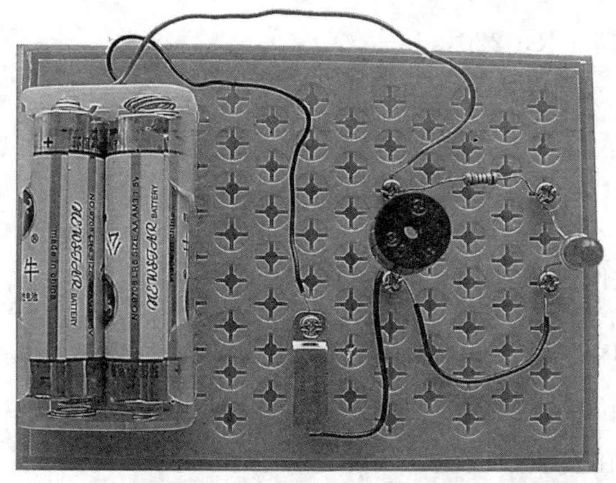

图 2-11-2　模拟电码器实物俯视图

电键时，发光二极管会发光指示，蜂鸣器会发出频率为 1000Hz 的声音来。

3. 电路工作原理

图 2-11-3 是模拟电码器的电路图，在这个电路里蜂鸣器是主要元件，它的内部已经安装了电子发声电路，故一通上电就会发出声响来。当按下电键时间稍长发出“嗒”声，按下电键时间短促发出“嘀”声。下面介绍国际通讯用的莫尔斯电码和对应的英文字母。

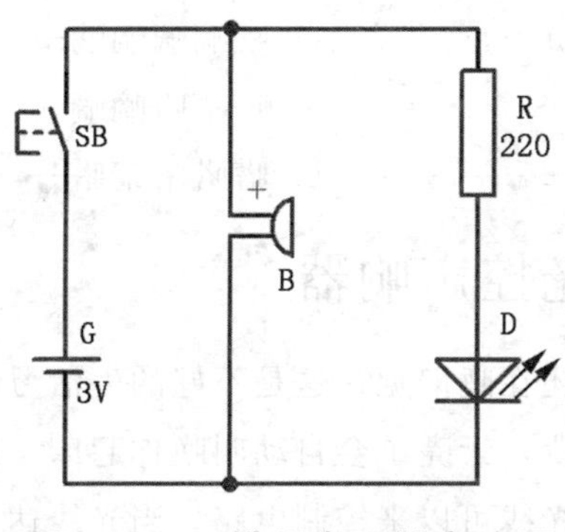

图 2-11-3　模拟电码器电路图

A. 嘀嗒　· —　　　B. 嗒嘀嘀嘀　— · · ·

C. 嗒嘀嗒嘀　— · — ·　　　D. 嗒嘀嘀　— · ·

E. 嘀　·　　　F. 嘀嘀嗒嘀　· · — ·

G. 嗒嗒嘀 — — ·　　　H. 嘀嘀嘀嘀　· · · ·

I. 嘀嘀　· ·　　　J. 嘀嗒嗒　· — —

K. 嗒嘀嗒　— · —　　　L. 嘀嗒嘀嘀　· — · ·

M. 嗒嗒　——　　　N. 嗒嘀　— ·

O. 嗒嗒嗒　———　　　P. 嘀嗒嗒嘀　· — — ·

Q. 嗒嗒嘀嘀　— — · ·　　　R. 嘀嗒嘀　· — ·

S. 嘀嘀嘀　· · ·　　　T. 嗒　—

U. 嘀嘀嗒 ··— V. 嘀嘀嘀嗒 ···—
W. 嘀嗒嗒 ·— — X. 嗒嘀嘀嗒 —··—
Y. 嗒嘀嗒嗒 —·— — Z. 嗒嗒嘀嘀 — —··
句号. 嘀嗒嘀嗒嘀嗒·—·—·—
问号. 嘀嘀嗒嗒嘀嘀··——··
1. 嘀嗒嗒嗒嗒·— — — — 2. 嘀嘀嗒嗒嗒··— — —
3. 嘀嘀嘀嗒嗒···— — 4. 嘀嘀嘀嘀嗒····—
5. 嘀嘀嘀嘀嘀····· 6. 嗒嘀嘀嘀嘀—····
7. 嗒嗒嘀嘀嘀— —··· 8. 嗒嗒嗒嘀嘀— — —··
9. 嗒嗒嗒嗒嘀— — — —· 0. 嗒嗒嗒嗒嗒— — — — —

十二、光控声响器

早晨天亮了还在睡懒觉，这是不好的生活习惯。你一定希望有这样的电子装置，天亮了会自动叫唤你起床。这里介绍一个光控声响器电路，光线可以来控制电路，当光线达到一定程度，蜂鸣器就会发出声响。

1. 制作所需元件

可变电阻器：RP，10kΩ，1 只。

光敏电阻器：RG，1 只。

晶体三极管：VT，9013，1 只。

其他：蜂鸣器 1 只；5 号电池 2 节和电池盒；导线和 ϕ3mm×8mm 螺丝若干，塑料螺孔板 1 块。

2. 制作过程

(1) 图 2-12-1 是光控声响器安装图，按照安装图所示各个元件位置，把各个元件安装固定好。

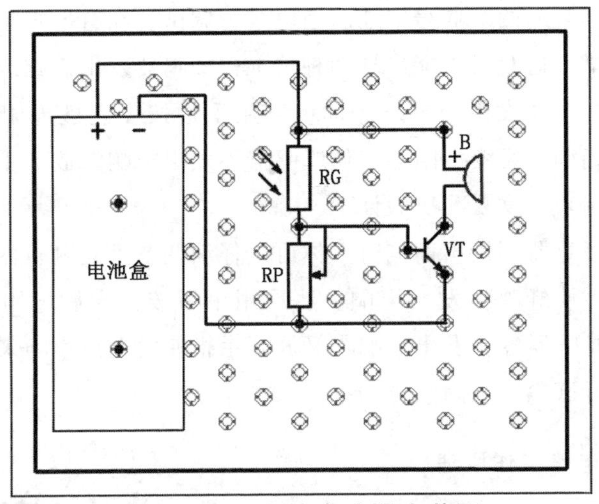

图 2-12-1　光控声响器安装图

（2）在安装中注意蜂鸣器的极性：蜂鸣器的长端（或红引线）是正极，短端（或黑引线）是负极，不能有错。

（3）用单股导线把各元件连接起来，要保证接触良好，制作时可参考图 2-12-2 所示实物俯视图。

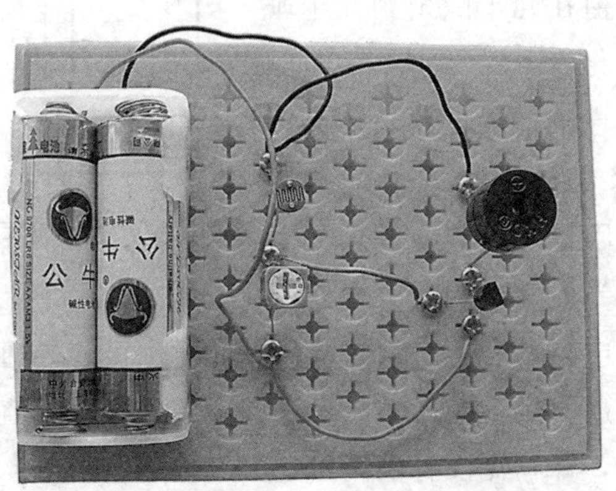

图 2-12-2　光控声响器实物俯视图

（4）装上两节 5 号电池后通电进行调试。在有一定光线亮度的房间里，这时候可能出现两种情况：蜂鸣器发出声响或不发出声响。蜂鸣器发出声响时，你可以用手指按住光敏电阻的受光面，仔细调节可变电阻器，使蜂鸣器不发出声响，放开手指时会发出声响来，反复几次验证。

当蜂鸣器不发出声响时，你可以仔细调节可变电阻器，在一定光照下使蜂鸣器发出声响。然后用手指按住光敏电阻的受光面，使蜂鸣器停止发出声响，又放开手指使之发出声响来，反复多次进行试验直至满意。

3. 电路工作原理

图 2-12-3 是光控声响器的电路图，在这个电路里光敏电阻器是主要元件。它是由光敏半导体材料组成的。它的电阻值由光照程度来决定：光照强电阻小，没有受光电阻最大。电阻值在几十欧姆到几十千欧姆之间变化。

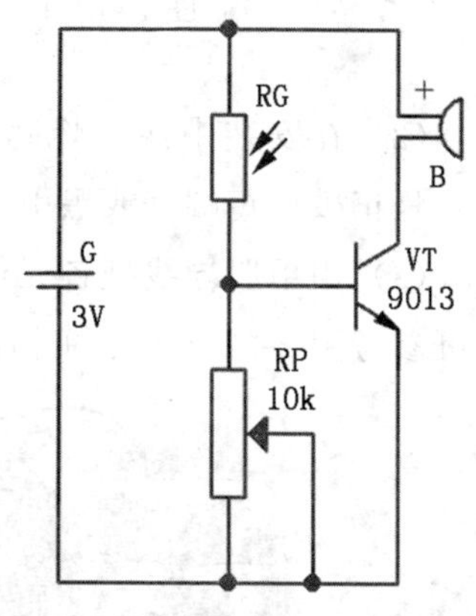

图 2-12-3　光控声响器电路图

在光控声响器的电路里，光敏电阻作三极管放大器的上偏置电阻，可变电阻作三极管放大器的下偏置电阻。当光敏电阻受光电阻值变小，可变电阻又有一定的电阻值，此时三极管导通，蜂鸣器有电流通过发出声响。当光敏电阻没有光照，电阻阻值最大，此时三极管截止，蜂鸣器没有电流通过不发出声响。

根据上述原理，我们可以把光敏电阻和可变电阻在电路里的位置对换，此时光控声响器可作视力保护器。它与上述功能相反，光线弱了则蜂鸣器就响了，具有光线报警功能，保护你的视力。具体调试可参照上述步骤。

十三、节能小灯

在大楼的走道、楼梯上一般都安装了过道照明灯，每当黑夜来临，过路者就要开启灯照明，但往往又忘了随手关灯，造成能源的浪费。这里给你介绍一个节能小灯，只要按动一下按钮开关，小灯就会即刻点亮，然后数十秒小灯会自动熄灭，这样不需要过道灯彻夜长亮，既节约了能源又减少开支。

1. 制作所需元件

电阻器：R，5.1kΩ，1只。

电容器：C，220μF，1只。

晶体三极管：VT1、VT2，9013，2只。

其他：2.5V小电珠1只，按钮开关1副，5号电池2节和电池盒，导线和φ3mm×8mm螺丝若干，塑料螺孔板1块。

2. 制作过程

（1）图2-13-1是节能小灯的安装图，按照安装图所示各个元件位置，把各个元件安装固定好。安装小灯和按钮开关时，可以参考图2-13-2实物俯视图。

（2）在安装三极管和电解电容时，要注意它们的极性。

（3）用单股导线把各元件连接起来，要保证接触良好。

（4）安装两节5号电池后可以通电一试。当按下按钮开关时，可以看到小电珠会迅速发光，然后放开按钮开关，小电珠会缓缓地熄灭。

图 2-13-1　节能小灯安装图

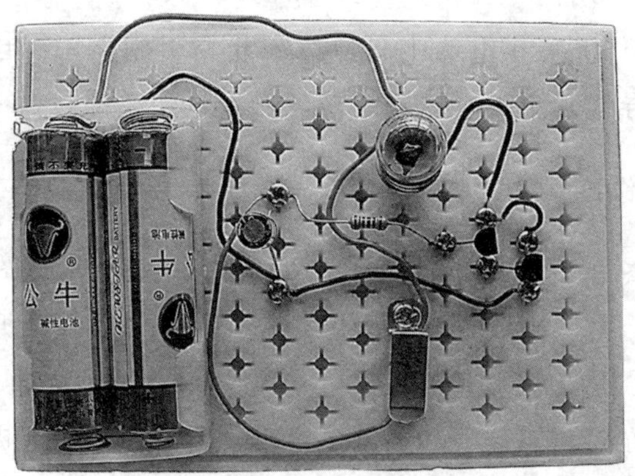

图 2-13-2　节能小灯实物俯视图

3. 电路工作原理

图 2-13-3 是节能小灯的电路图，本电路可分成两部分来分析其工作过程。

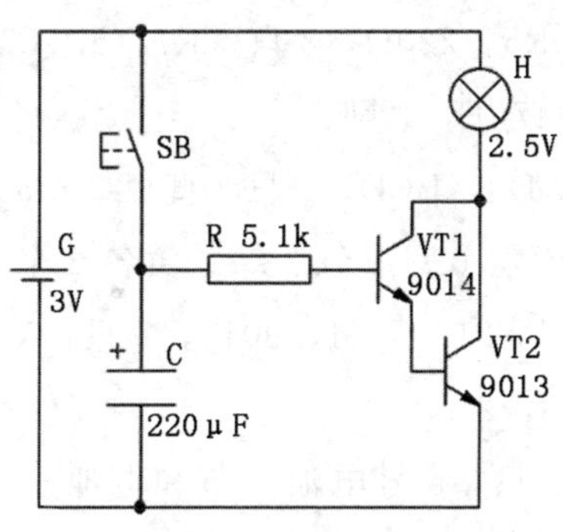

图 2-13-3　节能小灯电路图

第一部分是由按钮开关、电容器和电阻器组成充放电电路。当按下按钮开关时，电流迅速地向电容器充电；当放开按钮开关时，电容器里电能经过电阻由三极管的基极发射极通道放电，这放电过程有一个时间过程。第二部分是三极管复合电流放大电路，小电珠要有几百毫安的电流才能点亮，故在电容器放电过程中的电流，经过两个三极管复合放大，才能继续保持灯亮。小电珠亮的时间长短取决于电容器的电容量，其越大则亮灯的时间越长。

十四、星光跳灯

在繁华城市的夜晚里，闪耀的霓虹灯伴随着各色广告牌，把街道、商店打扮得美轮美奂，使人赏心悦目。我们在这里也来做一个彩色星光跳灯，使电子制作发出艺术的风采来，它可以美化我们的学习、生活用品。一通上电源，它就会像群星点缀，彩珠闪烁，一派节日气氛。

1. 制作所需元件

电阻器：R1，47kΩ，1只；R2、R6，1kΩ，2只；R3，20Ω，1只；R4、R5，220Ω，2只；R7，5.1Ω，1只。

电容器：C，47μF，1只。

发光二极管：D0，LED，1只（直径3mm）。D1、D2、D3、D4、D5、D6，LED，6只（红、绿、黄各2个）。

晶体三极管：VT1、VT4，9014，2只；VT2，9015，1只；VT3、VT5，9013，2只。

其他：开关1只，5号电池2节和电池盒架，导线和ϕ3mm×8mm螺丝若干，塑料螺孔板1块。

2. 制作过程

（1）首先仔细观察图2-14-1，它是星光跳灯安装图，可以看到此电路分两个部分，由于电子元件较多，因此把电源和开关搬

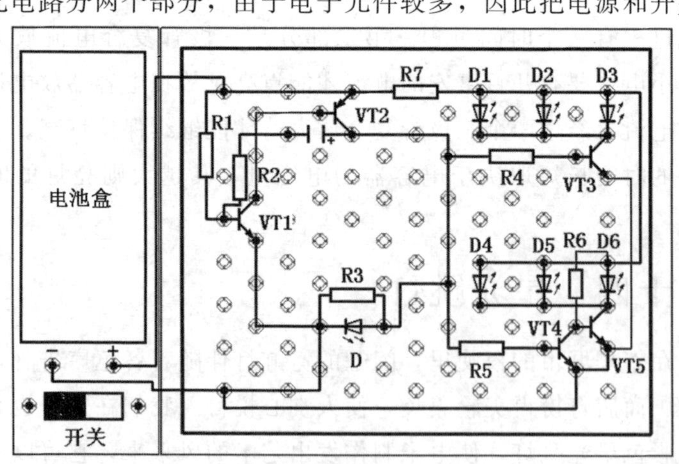

图2-14-1　星光跳灯安装图

到塑料螺孔板外部。可按照安装图所示各个元件位置，把各个元件安装并固定好。在ϕ3mm 发光二极管上套上五角星帽。

（2）图 2-14-2 和图 2-14-3 分别是星光跳灯实物俯视图和侧视图。连接各元件时要保证接触良好。在安装中注意三极管和发光二极管的极性：9015 是 PNP 三极管，9013、9014 是 NPN 三极管，不能搞错。

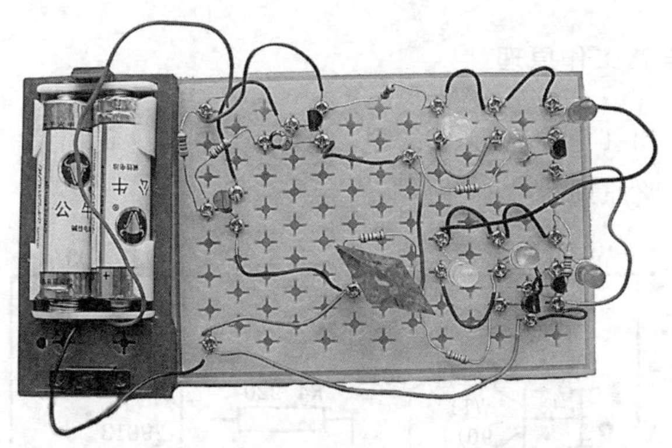

图 2-14-2　星光跳灯实物俯视图

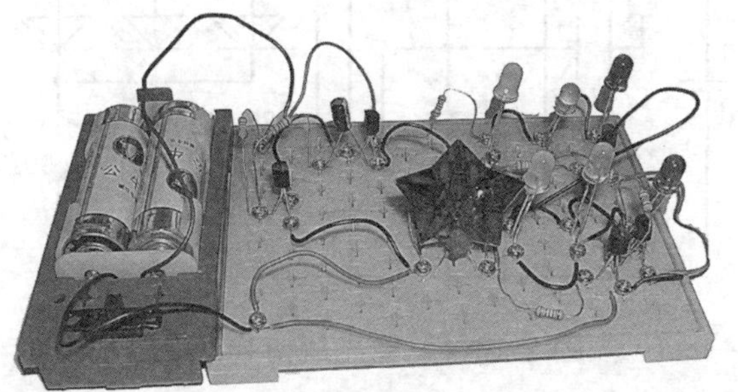

图 2-14-3　星光跳灯实物侧视图

（3）仔细检查一下电路，没有错误方可接通电源。电路接通后，首先能看见有五角星的那个发光二极管会一闪一闪地发光。

随后可观察到两组红、绿、黄发光二极管会交替亮灯，你亮我不亮。

（4）如果发光节奏太慢或太快，可以通过调电阻 R2 的阻值加以改变：如嫌节奏太快可换成大一点的电阻，如嫌节奏太慢可换成小一点的电阻，甚至用导线取代电阻。反复多次进行试验，直至满意。

3. 电路工作原理

图 2-14-4 是星光跳灯的电路图，现在，让我们来分析星光跳灯的电路原理：

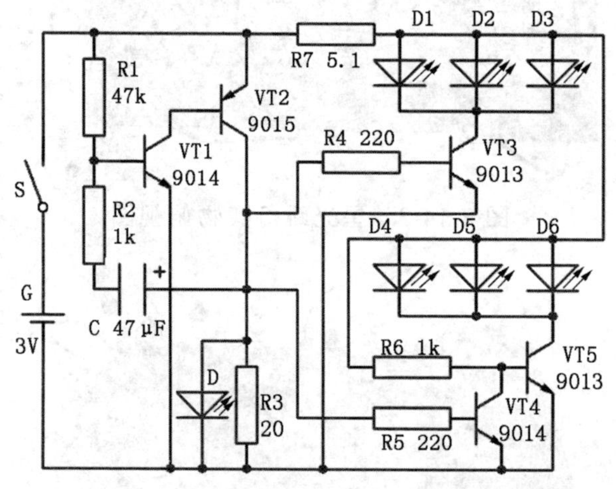

图 2-14-4 星光跳灯电路图

该电路分两部分，三极管 VT1、VT2 和其他元件一起组成一个互补振荡器。它的原理是利用两种不同极性的三极管串接，产生反相信号，通过电容 C 及电阻 R2 反馈，激起电流振荡。振荡频率与电容 C 和电阻 R2 的数值有关。此电路不仅使有五角星的那个发光二极管会一闪一闪地发光，同时会产生一串串方波信号，控制后部分群星闪烁驱动电路。3 个三极管组成两组群星闪烁驱动电路，单管放大器是反向驱动，双管放大器是同相驱动，一正一反，两组发光二极管轮换交替闪烁。

十五、流水彩灯

前一节介绍了星光跳灯电路是两组灯轮换交替点亮。本节介绍的彩灯控制电路是三组灯轮换交替点亮。根据此种方法，可以用彩灯搭成射线般的形状，在电子电路控制下，彩灯像流水般地闪烁。

1. 制作所需元件

电阻器：R0，20Ω，1 只；R1、R3、R5，27kΩ，3 只；R2、R4、R6，5.1kΩ，3 只。

电容器：C1、C2、C3，4.7μF，3 只。

发光二极管：D1～D6，LED，6 只（可以各种颜色搭配）。

晶体三极管：VT1、VT2、VT3，9014，3 只。

其他：开关 1 只、2 节 5 号电池和电池盒，单股塑料导线和自攻螺丝若干，塑料螺孔板 1 块。

2. 制作过程

（1）首先仔细阅读图 2-15-1 所示的流水彩灯安装图和有关文字，可以看到此电路电子元件较多，按照安装图所示把各个元件安装固定好。

（2）图 2-15-2 是流水彩灯实物俯视图，可参考图进行各元件的连接和固定，连接要保证接触良好。在安装中应注意三极管和发光二极管的极性。

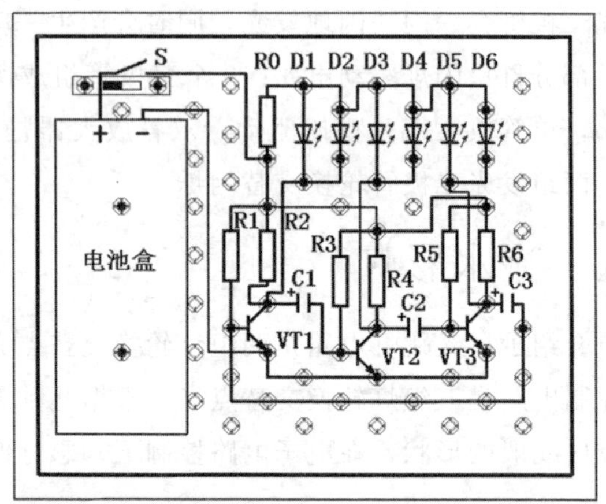

图 2-15-1　流水彩灯安装图

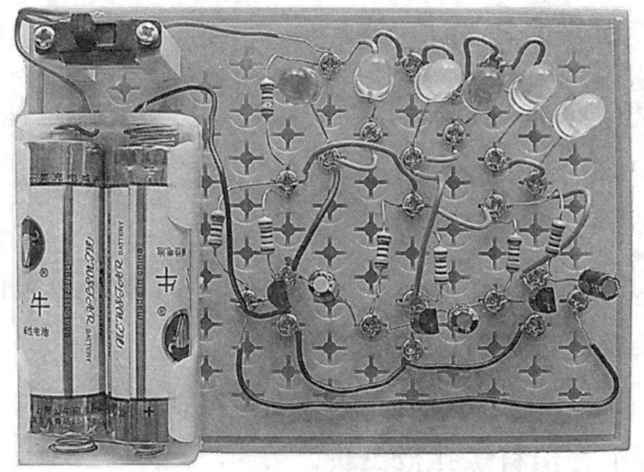

图 2-15-2　流水彩灯实物俯视图

（3）仔细检查一下电路，打开开关电路接通后，如果电路连接正确的话，可以看见三组发光二极管会轮流发光。

（4）如果轮流发光节奏太慢或太快，可以更换电容器来改变其发光节奏。要换则 3 个电容器一起换。电容量大则节奏变慢，电容量小则节奏变快。

3. 电路工作原理

图 2-15-3 是流水彩灯的电路图，现在，来分析流水彩灯的电路原理。

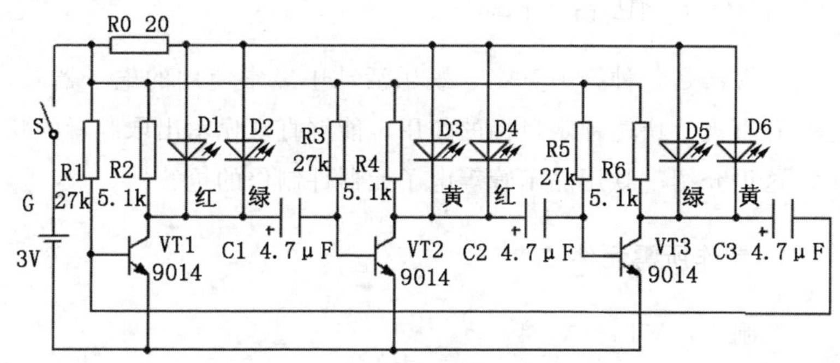

图 2-15-3 流水彩灯电路图

接通电源以后，3 个电容器开始充电，由于 3 个电容器的特性不可能完全一致，其中的一个肯定比另两个充电速度来得快。假设电容器 C3 充电较快，就会使和它相连接的 VT1 基极产生基极电流，使三极管 VTl 首先导通，随即产生集电极电流，这时，与它相连的发光二极管被点亮。由于 VT1 的导通阻止了电容器 C1 和 C2 的充电，使 VT2、VT3 三极管截止，后两组发光二极管不亮。当 C1 充电完毕后，基极电流消失，VT1 由导通变成截止，与它相连的发光二极管也就熄灭。但与此同时，由于 VT1 截止，电容 C1 却开始充电，使与它相连的 VT2 基极产生基极电流。这时 VT2 被导通，与其集电极相连的发光二极管被点亮，而 VT1 和 VT3 三极管截止。当 C1 充电完毕后，基极电流消失，VT2 由导通变成截止，与它相连的发光二极管也就熄灭。同时由于 VT2 截止，电容 C2 却开始充电，使与它相连的

VT3 基极产生基极电流，VT2 被导通，与集电极相连的发光二极管被点亮。上述过程周而复始地重复，从而使得三组发光二极管不断地交替发光。

十六、抢答器

抢答器是各种智力竞赛、娱乐活动中经常使用的电子器具，它具有直观、快速锁定目标的作用，能够直观显示出取胜者的状况。这里介绍一款用晶闸管等电子元器件制作的抢答器。

1. 制作所需元件

晶闸管：VT1～VT4。

发光二极管：D1，红色 LED，1 只。

二极管：D2、D3，1N4001，1 只；D4 ～ D7，1N4148，4 只。

电阻器：R1，1kΩ，1 只；R2，3kΩ，1 只；R2，1.8kΩ，1 只。

电容器：C1～C4，0.1μF，4 只。

其他：灯泡 H1～H4，6V/0.3A，4 只；开关 S，1×2 拨动开关，1 只；SB1～SB4 按钮开关，4 只；电源 G，5 号电池 4 节；印刷线路板 1 块。

2. 制作过程

（1）图 2-16-1 所示的是抢答器的印刷线路图，印刷线路板的尺寸为 55mm×25mm。安装时注意晶闸管和二极管的极性不要放错，图 2-16-2 所示的是单向晶闸管的符号图。

（2）该电路制作调试较为容易，电源可选 4 节五号电池。通上电源应该没有 1 只灯亮，否则为电路焊接错误或晶闸管极性搞错。

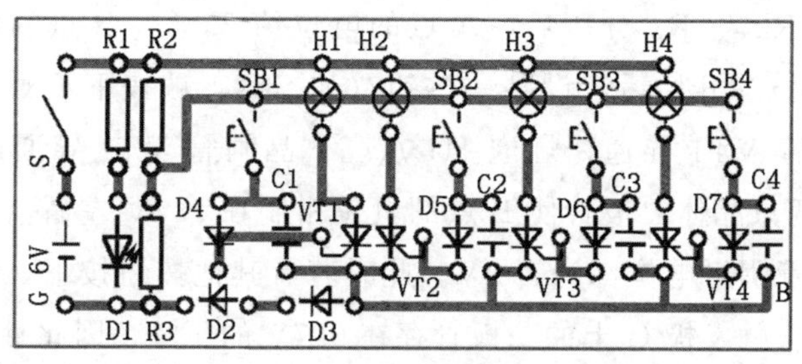

图 2-16-1　抢答器印刷线路图

（3）同时按动按钮（事实上不可能同时），可以看到只有 1 只灯被点亮，反复几次操作均如此，说明电路正常工作。

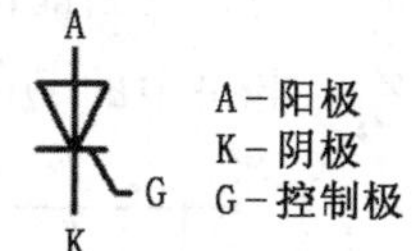

图 2-16-2　单向晶闸管符号图

（4）该电路为 4 路抢答器，但抢答组数还可任意扩展，只需要增加配套的晶闸管、电阻、电容、灯等。

（5）若需在灯亮的同时发出声响，可利用 B 点与电源负极间的 1.4V 电压作为蜂鸣器的触发电压，增加一个晶体三极管放大电流驱动蜂鸣器发声。

3. 电路工作原理

晶闸管也称可控硅，单向晶闸管共有 3 个电极：阳极 A、阴极 K 和门极（控制极）G。当阳极 A 接电源正极，阴极 K 接电源负极时，晶闸管不能导通。当晶闸管门极 G 上加入正向偏置电压（门极触发电压）U_g 时，晶闸管导通。此时，即使没有门极电压 U_g，晶闸管仍然维持导通状态。但是当流过晶闸管的电流小于一定数值或阳极-阴极电压减小到零时，晶闸管就会自动关断。

图 2-16-3 是抢答器的电原理图。合上电源开关 S，电源电压

经电阻 R2 与 R3 分压后，A 点的电位约 2.2V，B 点的电位为 0V。当抢答开始后，设某一按钮（如 SB1）被按下，对应的单向晶闸管 VT1 导通，灯泡 H1 点亮。晶闸管 VT1 导通后，D2 和 D3 两只晶体二极管使 B 点的电位钳制在 1.4V 左右，即所有的晶闸管阴极电位都为 1.4V。此时若有其他按钮按下，由于接在晶闸管触发极 G 上的二极管存在 0.7V 的压降，因此触发极 G 与阴极 K 之间的电压仅 0.1V 左右，这不能使对应的晶闸管导通，所对应的灯泡也不会亮。只有在此轮抢答结束，主持人断开电源开关 S 关断晶闸管，然后再合上电源开关 S 方可进行下一轮抢答。电路中的 D1 是发光二极管 LED，起电源指示作用。

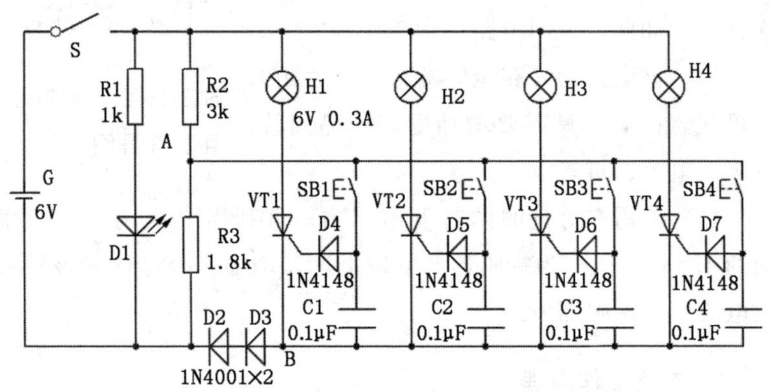

图 2-16-3　抢答器电原理图

第三章　集成电路的应用制作

一、数字电路基础

在电子设备中，通常把电路分为模拟电路和数字电路两类。模拟电路的工作依赖连续变化的物理量（电压或电流）。例如将24小时内室外光线的变化量转变为电信号，此信号即模拟信号；数字电路中的电信号为断续变化的物理量，以室内光线的变化量为例，只有亮与暗两个数字信号（“1”与“0”）。人们把用来传输、控制或变换数字信号的电子电路称为数字电路。

数字电路工作时通常只有两种状态：高电位（又称高电平）或低电位（又称低电平）。通常把高电位用代码“1”表示，称为逻辑“1”；低电位用代码“0”表示，称为逻辑“0”（按正逻辑定义）。

CMOS数字集成电路诞生于上世纪60年代初，它具有功耗低、工作电压范围宽、逻辑摆幅大、抗干扰能力强、温度稳定性好、扇出能力强和售价低等特点，很适合电子爱好者选用。本章介绍的数字电路制作，都是使用CMOS 4000系列数字集成电路。

数字集成电路品种繁多，包括了各种门电路、编译码器、触发器、计数器和存贮器等上百种器件。但其基本电路只有与门、或门和非门（反相器）三种。与门和或门电路的基本形式有两个或两个以上的输入端、一个输出端。因输入和输出可以各自为“0”或“1”状态，具有判定的功能，所以把它们称为基本逻辑电路。

1. 与门电路

以下讨论的与门是二输入端的，它对多端输入的与门同样适用。二输入端与门的功能设计成这样：当输入端 A、B 同时都为逻辑“1”状态时，输出 Y 才是逻辑“1”状态。二输入端与门的这种逻辑关系可以用图 3-1-1 所示的电路来描述。这里规定：开关 S1、S2 断开时，代表输入 A、B 的“0”状态，接通时代表输入 A、B 的“1”状态；灯 H 灭代表输出的 Y 的“0”状态，灯 H 亮代表输出 Y 的“1”状态。之后将开关 S1、S2“接通”和“断开”的各种组合状态，以及由此引起灯“亮”和“灭”的输出状态列成表格。该表格叫做真值表，如表 3-1-1 中所示。从真值表中看出，要使灯 H 点亮，即输出 Y 必须是“1”状态，输入的 A、B 也必须是“1”状态。

表 3-1-1　二输入与门真值表

输 入		输 出
A	B	Y
0	0	0
0	1	0
1	0	0
1	1	1

具有图 3-1-1 所示的电路称为二输入端与门，并用图 3-1-2 的逻辑符号来代表。二输入端与门的逻辑表达式为：$Y=A\times B$。

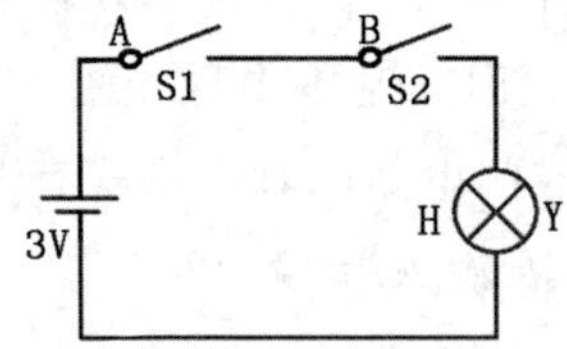

图 3-1-1　与门逻辑关系图

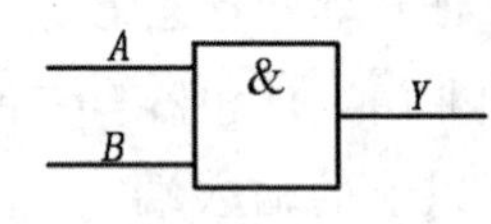

图 3-1-2　与门逻辑符号

2. 或门电路

或门的逻辑关系为：各输入端只要有一个状态为“1”时，输出便是“1”。这里我们用图 3-1-3 所示的电路描述。图 3-1-4 为或门的逻辑符号，表 3-1-2 为二输入或门真值表。二输入端或门的逻辑表达式为：$Y = A + B$。

表 3-1-2 二输入或门真值表

输入		输出
A	B	Y
0	0	0
0	1	1
1	0	1
1	1	1

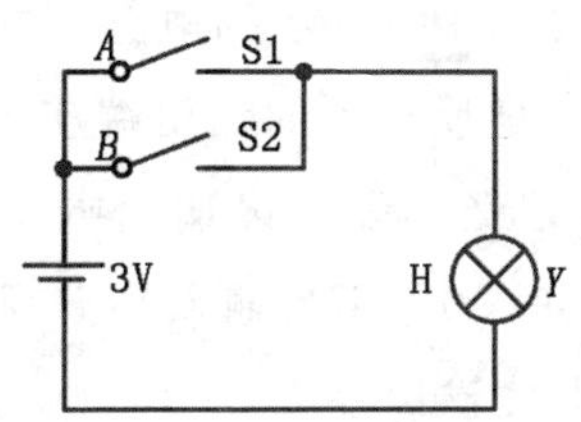

图 3-1-3 或门逻辑关系图

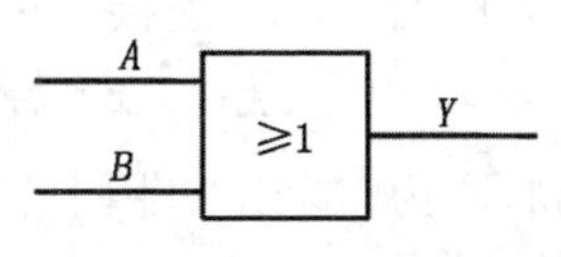

图 3-1-4 或门逻辑符号

3. 非门电路

非门又称反相器，它只有一个输入端和一个输出端，并且其输出状态总是和输入状态相反的，当输入端为低电平“0”状态时，输出端为高电平“1”状态；当输入端为高电平“1”状态时，输出端则为低电平“0”状态。其逻辑符号如图 3-1-5 所示，

表 3-1-3 为非门真值表。非门的逻辑表达式为：$Y=\overline{A}$。式中 A 为输入端，Y 为输出端。

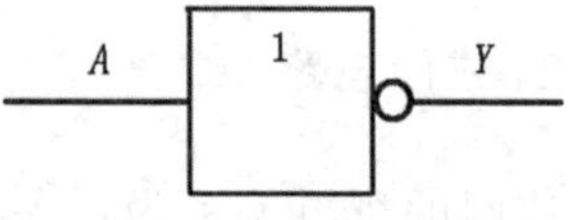

图 3-1-5　非门逻辑符号

表 3-1-3　非门真值表

输 入	输 出
A	Y
0	1
1	0

4. 集成触发器

触发器是由逻辑门电路组成的一个单元电路。触发器的输出状态不仅取决于该时刻的输入状态，而且还与前一时刻的输入状态有关，即具有记忆功能。下面来看图 3-1-6 所示的电路。在一个与非门的输出端连接一个反相器，再把反相器的输出端连到与非门的一个输入端，这个电路即具有记忆功能。设输出端 Y 原来的状态为 0，则与非门的输入端 A 也是 0，于是输入端 B 无论是 0 还是 1，输出端 Y 仍然为 0；如果使输出端 Y 为 1，则与非门的输入端 A 也是 1，当输入端 B 为 1 时，输出端保持不变，仍为 1。而一旦输入端 B 为 0，输出端立即发生一次翻转，由 1 变为 0。此后，不管输入端 B 是 0 还是 1，输出端都不再发生变化了。由此可见，这个电路具有记忆能力。

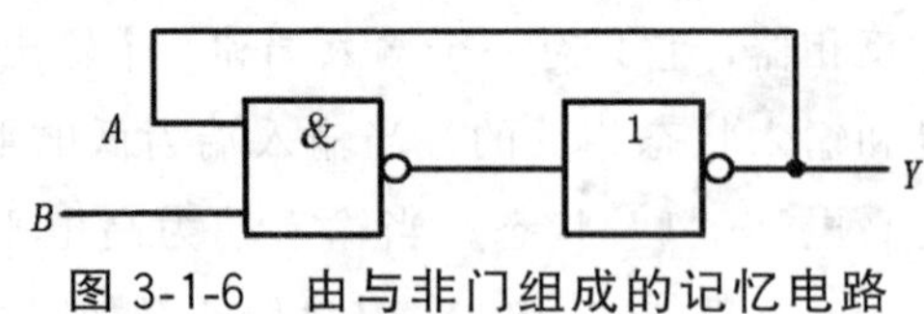

图 3-1-6　由与非门组成的记忆电路

触发器可分RS型触发器、JK型触发器、D型触发器等。

如果把两个二输入与非门的输入、输出交叉连接，如图3-1-7，就构成了RS型触发器。约定Q的状态代表触发器的状态，R表示置0，S表示置1。因此这种触发器又称为置1置0触发器。根据与非门的逻辑功能，得出该触发器的逻辑表达式为：$Q=\overline{S\times\overline{Q}}$和$\overline{Q}=\overline{R\times Q}$。根据上述逻辑关系而列出的RS型触发器真值表如表3-1-4所示。

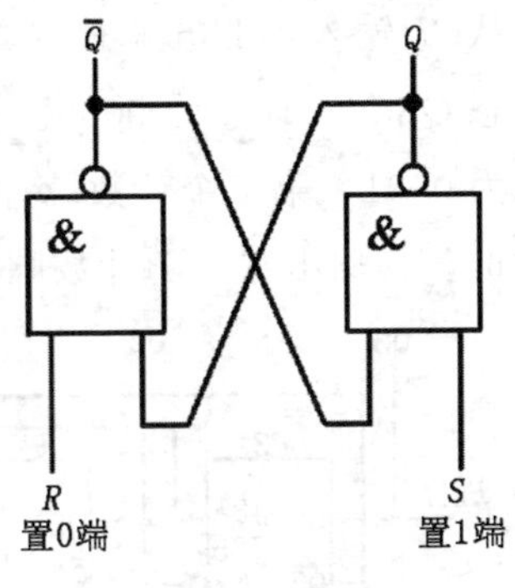

图3-1-7　RS型触发器逻辑结构图

表3-1-4　RS型触发器真值表

输 入		输 出
R	S	Q
1	0	1
0	1	0
1	1	不变
0	0	任意

5. 计数器

在计算机、数控装置及数字仪器中，计数器得到了广泛的应用。从本质上说，计数器是一个记忆装置，它能记住有多少个时钟脉冲送到输入端，并用输出端的不同状态来表示。显然，计数器须用有记忆功能的触发器来构成。

用4个JK型触发器可以构成十进制加法计数器，如图3-1-8

所示。其中，$\overline{R}$ 为置零脉冲输入端，低电平有效。计数器脉冲从$\overline{CP}$输入，低电平有效。计数器工作时先置零，这时计数器状态 $Q3Q2Q1Q0$ 为 0000。当第一个计数脉冲到达时，$Q3Q2Q1Q0$ 为 0001，第二个计数脉冲到达时，$Q3Q2Q1Q0$ 为 0010，依此类推，其输出状态随计数脉冲的顺序而改变，从而达到计数目的。

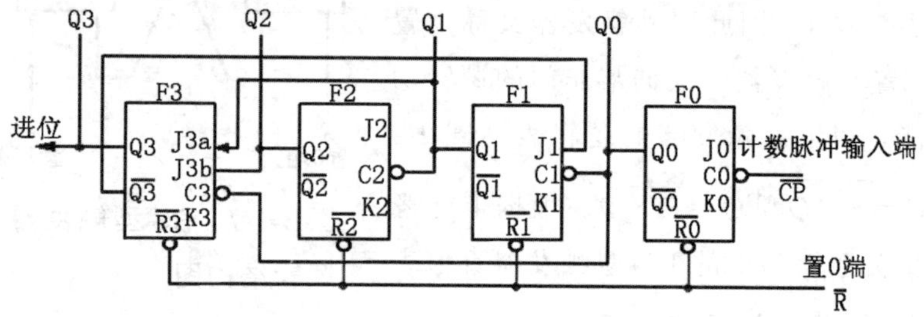

图 3-1-8　由触发器组成的十进制加法计数器

6. CMOS 数字集成电路

下面对本篇所应用的 CMOS 数字集成电路做一些介绍：

（1）六反相器集成电路 4069。反相器又称非门。其逻辑关系是输入与输出电平是相反的，1 片 4069 集成电路有 6 个反相器，其内部逻辑和管脚排列见图 3-1-9。

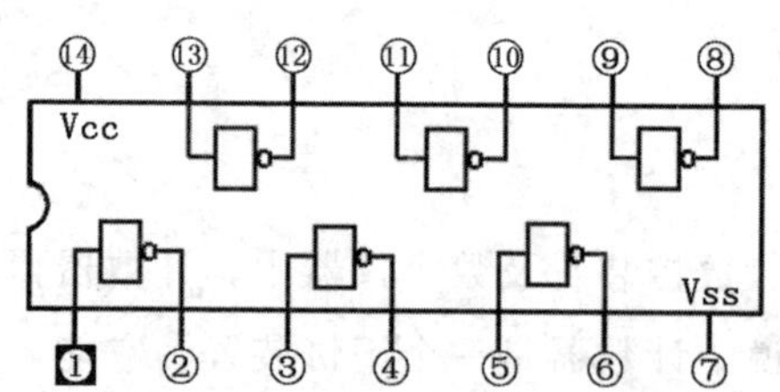

图 3-1-9　六反相器 4069 内部逻辑和管脚排列示意图

(2) 四二输入与非门 4011 集成电路。与非门是执行与非功能的逻辑元件。其逻辑关系的特点是：只有当输入端全部为高电平“1”状态时，输出端才为低电平“0”状态；在其余输入情况下，输出端均为高电平“1”状态。与非门逻辑关系式为：$Y=\overline{A\times B}$。式中 A 和 B 为输入端，Y 为输出端。1 片 4011 集成电路有 4 个二输入与非门。图 3-1-10 为四二输入与非门 4011 管脚排列示意图。与非门真值表见表 3-1-5。

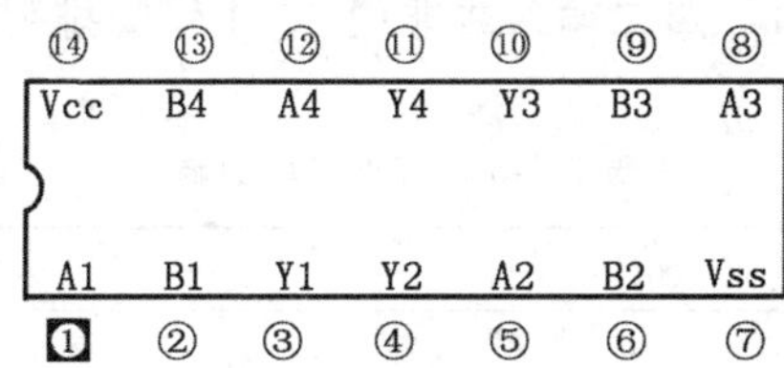

图 3-1-10　四二输入与非门 4011 管脚排列示意图

表 3-1-5　与非门真值表

输入		输出
A	B	Y
0	0	1
0	1	1
1	0	1
1	1	0

(3) 四二输入或非门 4001 集成电路。或非门是执行或非功能的逻辑元件。其逻辑关系的特点是：只有当输入端全部为低电平“0”状态时，输出端为高电平“1”状态；在其余输入情况下，输出端均为低电平“0”状态。或非门逻辑关系式为：$Y=\overline{A+B}$。式中 A 和 B 为输入端，Y 为输出端。1 片 4001 集成电

路有 4 个二输入或非门。图 3-1-11 为四二输入或非门 4011 管脚排列示意图。或非门真值表见表3-1-6。

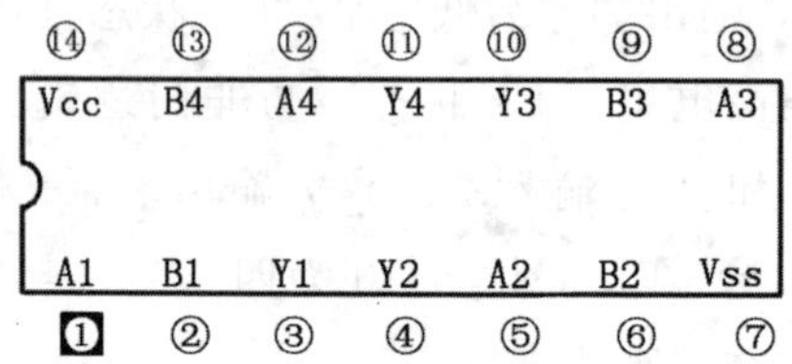

图 3-1-11　四二输入或非门 4001 管脚排列示意图

表 3-1-6　或非门真值表

输入		输出
A	*B*	*Y*
0	0	1
0	1	0
1	0	0
1	1	0

（4）双 D 型触发器 4013 集成电路。把主从 JK 型触发器的 K 串联一个反相器再接到 J，同时引出一个控制端 D，就构成了 D 型触发器，如图 3-1-12 所示。

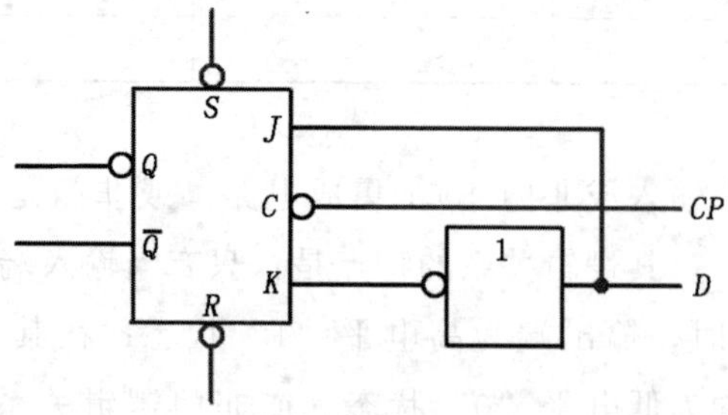

图 3-1-12　由 JK 触发器构成 D 型触发器

D 型触发器输出状态的改变依赖于时钟脉冲的触发作用，即在时钟脉冲触发时，输入数据。D 型触发器具有以下逻辑功能：在数据端 D 和时钟端 CP 都接地的情况下，若给它的置位端 S 加一个瞬间的高电平“1”，则 Q 端输出高电平“1”，$\overline{Q}$ 端输出低电平“0”；若给它的复位端 R 加一个瞬间的高电平“1”，则 Q 端输出低电平“0”，$\overline{Q}$ 端输出高电平“1”。4013 集成电路中有两个 D 型触发器。图3-1-13为双 D 型触发器 4013 集成电路管脚排列示意图。4013 集成电路真值表见表 3-1-7。

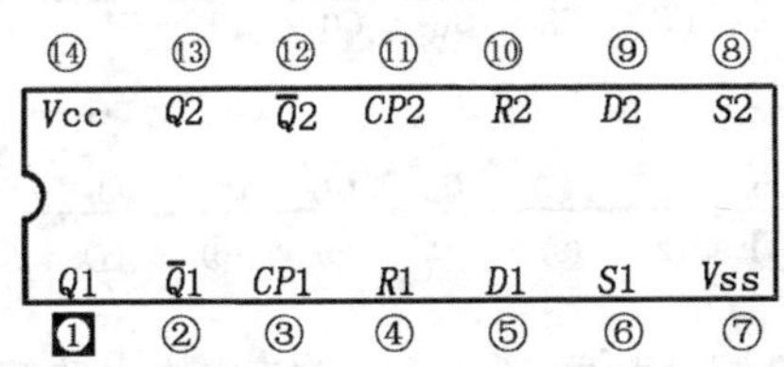

图 3-1-13 双 D 型触发器 4013 集成电路管脚排列示意图

表 3-1-7 双 D 型触发器 4013 集成电路真值表

输 入				输 出	
CP	D	R	S	Q	$\overline{Q}$
↑	0	0	0	0	1
↑	1	0	0	1	0
↓	×	0	0	Q	$\overline{Q}$
×	×	1	0	0	1
×	×	0	1	1	0
×	×	1	1	1	1

（5）十进制计数器/分配器 4017 集成电路。4017 集成电路是由计数器和译码器两部分电路组成。它有 3 个输入端：复位端

CR、时钟端 CP 和禁止信号输入端 INH。有 10 个译码输出端：Q0～Q9。在复位状态下，只有 Q0 输出高电平“1”状态，其他输出端均为低电平“0”状态。当有脉冲输入时，输出端依次变为高电平“1”状态，Q0 端变为低电平“0”状态。另外，电路还设有进位端 C0，可作为链接时使用。图 3-1-14 是十进制计数器/分配器 4017 集成电路管脚排列示意图。4017 集成电路真值表见表 3-1-8。

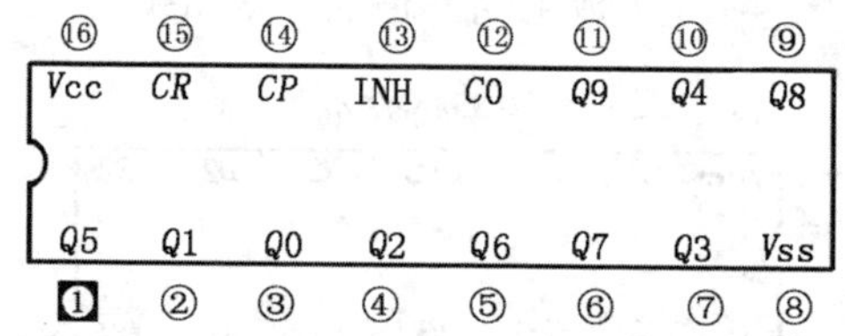

图 3-1-14　十进制计数器/分配器 4017 集成电路管脚排列示意图

表 3-1-8　十进制计数器/分配器 4017 集成电路真值表

输入			输出
CP	INH	CR	Q0～Q9
0	×	0	Qn
×	1	0	Qn
↑	0	0	Qn+1
1	↓	0	Qn+1
↓	×	0	Qn
×	↑	0	Qn
×	×	1	Q0

二、航标灯

航标灯是广泛用于沿海、内河的助航标志。红灯一闪一闪，给经过这里的船只进行导航。你是不是想马上做一个？这里，向你介绍一个用1片六反相器集成电路4069和1只高亮度发光二极管等元件构成的简易航标灯。它还可以用于障碍告警、道口告警、小朋友夜间过马路警示灯等。

1. 制作所需元器件

集成电路：六反相器CMOS 4069，1只。

电阻器：R1，1MΩ，1只；R2，470Ω，1只。

电容器：C，1μF/16V，1只。

发光二极管：D，红色高亮度LED，1只。

其他：5号电池4节；印刷线路板1块。

2. 制作过程

（1）图3-2-1为印刷线路图，先制作或购置航标灯印刷电路板，线路板的尺寸为25mm×25mm。

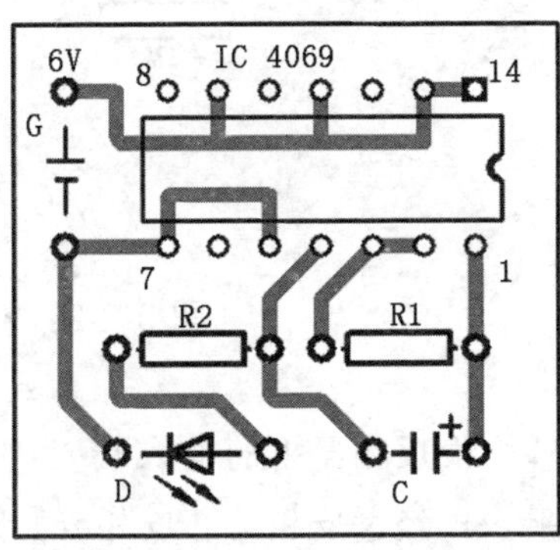

图3-2-1　航标灯印刷电路图

（2）取六反相器4069 1只，集成电路的7脚接地，14脚接电源正极，另外4个反相器输入端5脚与电源负极7脚相连，9、11和13脚已与电源正极14脚相连。

（3）把各个元件焊接在电路板上，该电路制作较为简单，只要接线无误，通电即能看见发光二极管一闪一闪地发光。

（4）实验中，为获得不同的振荡频率，可适当变更振荡电阻R1或电容C的数值。R1或C取值大，振荡频率低，反之频率高。

3. 电路工作原理

图 3-2-2 是航标灯的电原理图。本电路使用 1 片六反相器集成电路 4069 做振荡器。1 片集成电路 4069 有 6 个反相器，本电路我们只用其中的 2 个。

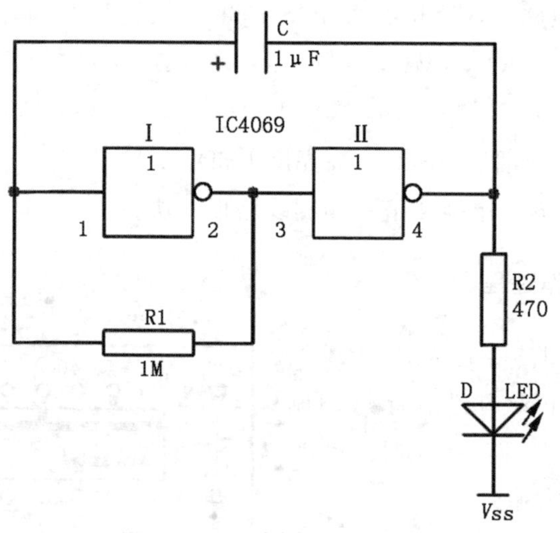

图 3-2-2 航标灯电原理图

设反相器Ⅰ的输入端 1 脚为低电平，则输出端 2 脚为高电平，再经过反相器Ⅱ反相，4 脚输出为低电平。此时，2 脚高电平经电阻 R1 向电容 C 充电，使 1 脚的电位逐渐上升。在 1 脚电平没有达到 CMOS 门电路阀值电平时，2 脚和 4 脚电平不会变化，但这只是一个暂稳态状态，当 1 脚电平上升到 CMOS 门电路开门电平时，门电路翻转，2 脚突变为低电平，4 脚输出高电平，这又是一个暂稳态状态，电容 C 经过电阻 R1 放电，使反相器Ⅰ的输入端 1 脚电位下降，当 1 脚电平下降到 CMOS 门电路开门电平时，反相器Ⅰ和反相器Ⅱ门电路翻转，电路又回复到初始状态，2 脚高电平经电阻 R1 又向电容 C 充电……如此反复翻转，电路形成振荡。反相器Ⅱ输出端 4 脚不断出现高电平和低电平的交替变化。其为高电平时，发光二极管 LED 通电发光；低电平时，发光二极管 LED 熄灭。该振荡器的振荡频率可近似用公式 $f=1/2.2RC$ 来估算。电路中的电阻 R2 为发光二极管 D 的限流电阻。

三、双音门铃

电子门铃品种繁多，应用也非常广泛。这里，向你介绍一个用 1 片六反相器 4069 集成电路等元件构成的双音门铃。

1. 制作所需元器件

集成电路：六反相器 CMOS 4069，1 只。

电阻器：R1，220kΩ，1 只；R2、R3，47kΩ，2 只；R4、R5，1kΩ，2 只。

电容器：C1，22μF，1 只；C2，0.01μF，1 只；C3，0.022μF，1 只；C4，100μF，1 只。

二极管：D1、D2，1N4148，2 只。

三极管：VT，9013，1 只。

其他：按钮开关 SB，1 只；扬声器 B，8Ω，1 只；5 号电池 4 节；印刷线路板 1 块。

2. 制作过程

（1）制作或购置双音门铃印刷电路板，图 3-3-1 为印刷线路图，线路板的尺寸为 35mm×35mm。

（2）取 1 块六反相器 4069，六反相器 4069 的 7 脚接地，14

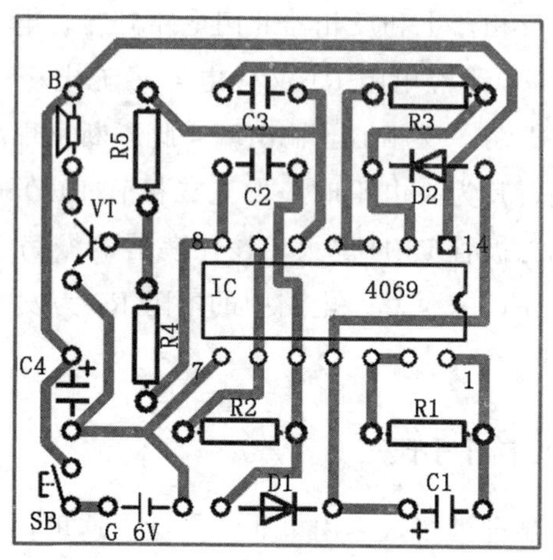

图 3-3-1　双音门铃印刷线路图

脚接电源正极。

(3) 把各个元件焊接在电路板上，仔细连上电源并通电工作，电源可选 4 节五号电池。如果电路无误，按下按钮 SB，即可听到扬声器发出的嘀嘟声。

(4) 实验中，若要改变“嘀”声的音调高低，可适当调整 R2 或 C2 的数值；若要改变“嘟”声的音调高低，可适当调整 R3 或 C3 的数值；若要改变“嘀”、“嘟”声的转换频率，则适当调整 R1 或 C1 的数值即可。

3. 电路工作原理

图 3-3-2 是嘀嘟门铃的电原理图。电路的核心元件是 1 片六反相器 CMOS 集成电路 4069。由构成 2 种不同频率的音频振荡器和一个超低频振荡器及末级驱动电路组成。

反相器Ⅲ、Ⅳ和电阻 R2 及电容 C2 组成“嘀”声振荡器；

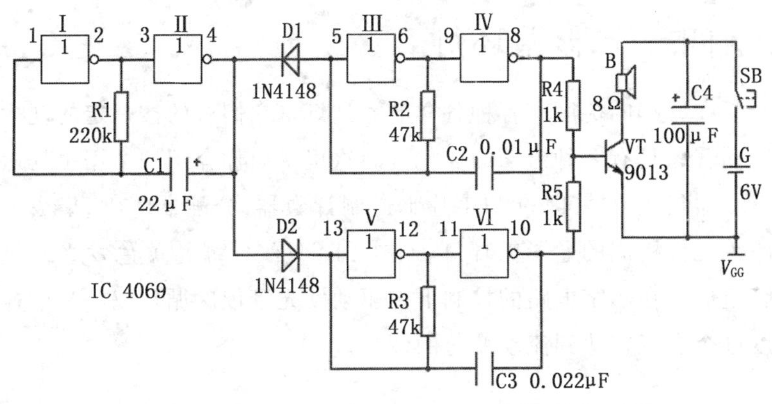

图 3-3-2　双旁门铃的电原理图

反相器Ⅴ、Ⅵ和电阻 R3 及电容 C3 组成“嘟”声振荡器。反相器Ⅰ、Ⅱ和电阻 R1 及电容 C1 组成超低频振荡器，用来控制以上两个音频振荡器轮流工作。晶体三极管 VT 和电阻 R1、R2 组成声音驱动电路，驱动扬声器发声。

接通电源，超低频振荡器开始振荡，反相器Ⅱ输出端 4 脚交替产生高、低电平。当输出高电平时，晶体二极管 D1 截止、D2 导通。反相器Ⅴ的输入端 13 脚被钳位于高电平，反相器Ⅴ、Ⅵ组成的“嘟”声振荡器停止工作，反相器Ⅲ、Ⅳ组成的“嘀”声振荡器工作，经晶体三极管功率放大后驱动扬声器发出“嘀”声。超低频振荡器的输出端 4 脚输出低电平时，晶体二极管 D1 导通，D2 截止。反相器Ⅲ的输入端 5 脚被钳位于低电平，反相器Ⅲ、Ⅳ组成的“嘀”声振荡器停止工作，反相器Ⅴ、Ⅵ组成的“嘟”声振荡器工作，经晶体三极管功率放大后驱动扬声器发出“嘟”声。

由于超低频振荡器的输出端 4 脚不断交替产生高、低电平，因此，扬声器就不断产生“嘀”、“嘟”声。

四、七彩循环灯

在繁华的街区有各种各样的霓虹灯，它们有的按一定的规律闪动着，具有一种流动的变化感。这里，向你介绍一个用1片六反相器集成电路4069和1片十进制计数器/分配器4017集成电路等元件构成的七彩循环灯。它由10只红、绿、黄色发光二极管组成，在数字电路的控制下，驱动发光管依次循环以一定的速度逐个点亮，达到流动变化的效果。

1. 制作所需元器件

集成电路：IC1，六反相器4069，1只；IC2十进制计数器/分配器4017集成电路1只。

电阻器：R1，150kΩ，1只；R2，20kΩ，1只；R3，470Ω，1只。

电容器：C1，1μF，1只；C2，100μF，1只。

发光二极管：D1、D4、D7、D10，红色LED，4只；D2、D5、D8，绿色LED，3只；D3、D6、D9，黄色LED，3只。

其他：5号电池4节；印刷线路板1块。

2. 制作过程

(1) 图3-4-1是七彩循环灯的印刷线路图，可以按图制作，印刷线路板的尺寸为50mm×35mm。

(2) 首先焊置两个集成电路，六反相器4069的7脚接地，14脚接电源正极。另外4个反相器输入端5、9、11和13脚已与电源负极7脚相连；十进制计数器/分配器4017集成电路的8脚接地，16脚接电源正极。

(3) 数字电路制作，只要连接正确，无需调试，通电即能工

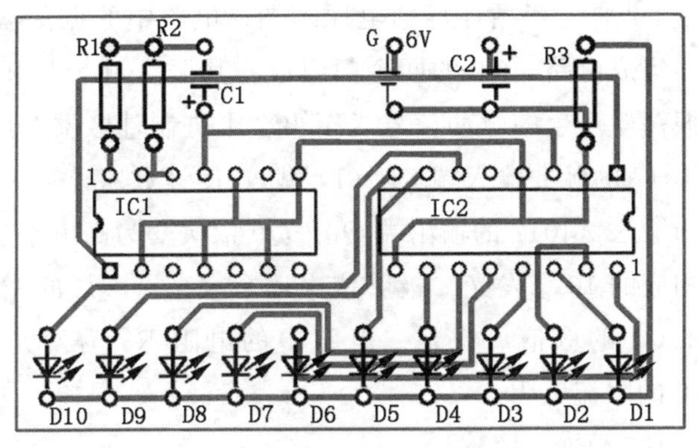

图 3-4-1　七彩循环灯印刷线路图

作。此时可看到发光二极管依次循环发光。

（4）若感觉发光二极管循环点亮速度过快，可适当变更振荡电阻 R2 或电容 C1 的数值。将 R2 或 C1 取值增大，振荡频率降低，循环速度减慢。反之振荡频率高，循环速度变快。另外，10 个发光二极管中的不同颜色为交叉排列。也可将发光二极管排列为一个圆，组成一个电子转盘。

3. **电路工作原理**

本电路使用 1 片十进制计数器/分配器 4017 集成电路，它是由计数器和译码器两部分电路组成。它有 3 个输入端：复位端 *CR*、时钟端 *CP* 和 INH。有 10 个译码输出端：*Q*0～*Q*9。在复位状态下，只有 *Q*0 输出高电平“1”状态，其他输出端均为低电平“0”状态。当有脉冲输入时，输出端依次变为高电平“1”状态，*Q*0 端变为低电平“0”状态。另外，电路还设有进位端 *C*0，可作为链接时使用。

现在，让我们来分析一下七彩循环灯的电路原理。

图 3-4-2 是七彩循环灯的电原理图。电路中的振荡器由 IC1 六反相器集成电路 4069 的两个门组成。其振荡频率由 R2 和 C1 决定。振荡器产生的脉冲信号送至 IC2 十进制计数器/分配器集成电路 4017 的脉冲输入端 CP（14 脚），使计数器计数。随着时钟脉冲的输入，4017 的输出端 $Q0 \sim Q9$ 依次变为高电平“1”状态，使相应的 10 个发光二极管依次逐个点亮。彩灯的循环速度由 R2 和 C1 的取值所决定。电路中的电阻 R3 为发光二极管 D1～D10 的限流电阻。

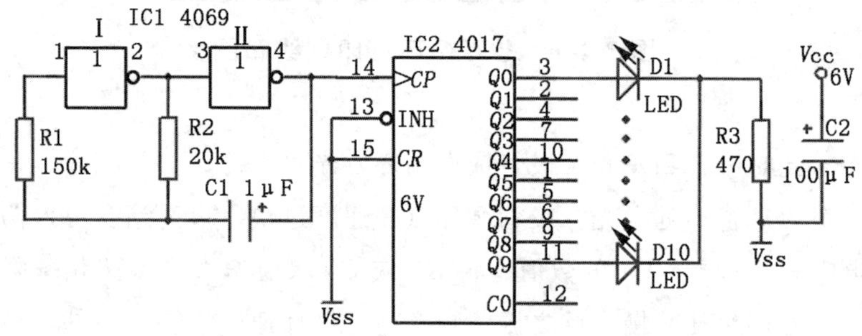

图 3-4-2　七彩循环灯电原理图

五、简易调光灯

调光灯几乎家家都有，它既能为我们的需求而服务，又能节约电能。这里，向你介绍一个用 1 只十进制计数器/分配器集成电路 4017 和 1 只白色高亮度发光二极管等元件构成的简易调光灯。该调光灯仅用 1 个按钮开关，可以分 3 级控制白色高亮度发光二极管的光亮度。

1. 制作所需元器件

集成电路：十进制计数器/分配器 4017，1 只。

电阻器：R1，200kΩ，1 只；R2，100kΩ，1 只；R3，1MΩ，1 只；R4，470kΩ，1 只；R5，4.7kΩ，1 只；R6，470Ω，1 只。

电容器：C1，4700μF，1 只；C2，0.01μF，1 只；C3，1μF，1 只。

二极管：D1～D4，1N4148，4 只。

发光二极管：D，白色高亮度 LED，1 只。

三极管：VT，8050，1 只。

其他：按钮开关 SB，1 只；5 号电池 4 节；印刷线路板 1 块。

2. 制作过程

（1）制作 1 块简易调光灯的印刷线路板，印刷线路板的尺寸为 30mm × 40mm。图 3-5-1 是简易调光灯的印刷线路图。

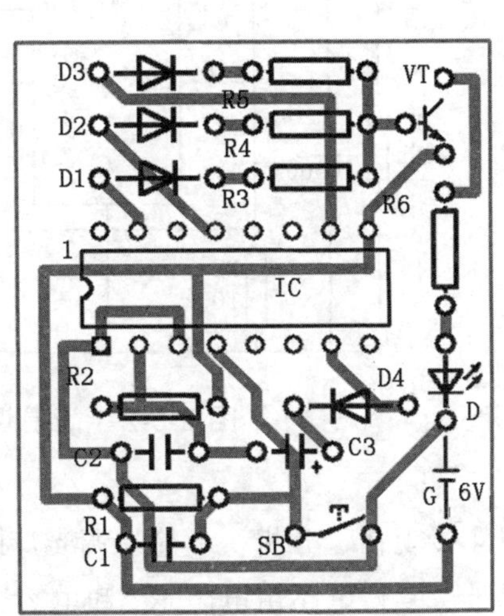

图 3-5-1 简易调光灯印刷线路图

（2）把集成电路 4017 安置在该电路中，注意引脚位置不要装反，并把其他元件一起焊接。接上电源，通电即可工作。

（3）实验中，若要改变各挡高亮度发光二极管的亮度，可适当增减 R3～R5 的阻值；若想增加发光二极管的亮度等级，可适当增加输出端的个数，并参照电阻 R3～R5，选取不同阻值的限流电阻。

3. 电路工作原理

图 3-5-2 是简易调光灯的电原理图。本电路使用 1 片十进制计数器/分配器 4017 集成电路，它有 3 个输入端，有 10 个译码输出端。在复位状态下，只有 $Q0$ 输出高电平“1”状态，其他输出端均为低电平“0”状态。当有脉冲输入时，输出端依次变为高电平“1”状态，$Q0$ 端变为低电平“0”状态。本电路使用 4 个输出端 $Q1$～$Q4$，用来控制发光二极管的亮度强弱及熄灭。

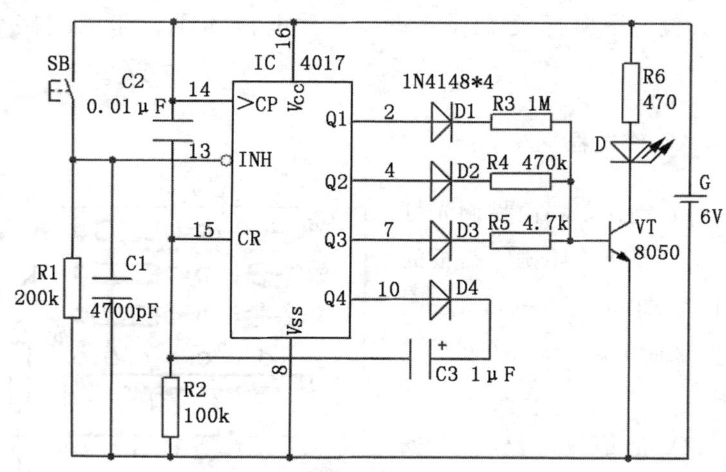

图 3-5-2　简易调光灯电原理图

现在，分析一下简易调光灯的电路原理。

复位电路由电阻 R2 和电容 C2 组成。在通电的瞬间，电容 C2 充电，复位端 CR 获得正脉冲，电路清零复位。此时，$Q0$ 输出高电平，其他输出端 $Q1$～$Q9$ 均为低电平。由于本电路 $Q0$ 空置不接，只有 $Q1$～$Q3$ 均输出低电平，因此晶体三极管 VT 截止，发光二极管不亮。

若按一下按钮开关 SB，INH 端输入了一个计数脉冲，电路开始计数，$Q1$ 变为高电平。该高电平经晶体二极管 D1 和电阻 R3 向晶体三极管 VT 输送基极电流，经晶体三极管 VT 放大后使发光二极管 D 点亮发光。由于电阻 R3 的阻值较大，因而注入晶体三极管 VT 的基极电流也较小，所以驱动发光二极管的集电极电流也较小，发光二极管的 D 发出弱光。

若再按一下按钮开关 SB，INH 端又输入了一个计数脉冲，$Q1$ 恢复为低电平，$Q2$ 变为高电平。该高电平经晶体二极管 D2 和电阻 R4 向晶体三极管 VT 输送基极电流。由于电阻 R4 的阻值较小，因而注入晶体三极管 VT 的基极电流较大，经晶体三极管 VT 放大后的集电极电流也较大，所以发光二极管 D 的发光的亮度也较大。

若再按一下按钮开关 SB，INH 端又输入了一个计数脉冲，$Q1$、$Q2$ 为低电平，$Q3$ 变为高电平。该高电平经晶体二极管 D3 和电阻 R5 向晶体三极管 VT 输送基极电流。由于电阻 R5 的阻值很小，因而注入晶体三极管 VT 的基极电流很大，经晶体三极管 VT 放大后的集电极电流也很大，所以发光二极管的 D 发强光。

若再按一次按钮开关 SB，INH 端则又输入了一个计数脉冲，$Q1$～$Q3$ 为低电平，$Q4$ 变为高电平。该高电平经晶体二极管 D4 和电容 C3 加到复位端 CR，使电路清零复位。$Q1$～$Q4$ 均为低电平，只有 $Q0$ 输出高电平。此时，晶体三极管 VT 失去基极电流而截止，发光二极管 D 熄灭。

由以上的分析得出：若反复按动按钮开关 SB，发光二极管 D 将熄灭—弱光—中光—强光—熄灭……循环变化。即灯光有强、中、弱 3 挡亮度。电路中的电阻 R6 为发光二极管 D 的限流电阻。

六、下雨告知器

你在室内工作、学习，而室外晾晒着衣物。若天突然下起了雨，你有没有想到如果有一个下雨告知器，在此时能及时提醒你，该有多好啊。这里，向你介绍一个用1只四二输入或非门4001集成电路和2只开关等元件构成的下雨告知器。

1. 制作所需元器件

集成电路：四二输入或非门4001，1只。

电阻器：R1，10kΩ，1只；R2，100kΩ，1只；R3，10kΩ，1只；R4，4.7kΩ，1只。

三极管：VT，9013，1只。

其他：有源间隙声蜂鸣器B，1只；开关：触摸开关板SB1，1只；按钮开关SB2，1只；5号电池4节；印刷线路板1块。

2. 制作过程

（1）按图3-6-1所示的下雨告知器印刷线路图，制作1块印刷线路板，印刷线路板的尺寸为35mm×30mm。

（2）把四二输入或非门4001集成电路置入印刷板，集成电路的7脚接地，14脚接电源正极，另外两个或非门的输入端8、9、12和13脚已与电源正极14脚相连。并把其他元件安装焊接。

（3）该电路制作调试较为容易，先将触摸开关板水平置于室外，按一下复位按钮SB2即可。若有水滴洒在触摸开关板上而致它导通，将引起RS触发器电路的翻转，导致有源间隙声蜂鸣器工作报警。这表明电路安装正确。

（4）该电路还可扩展应用到触摸台灯电路。此时需将电路修

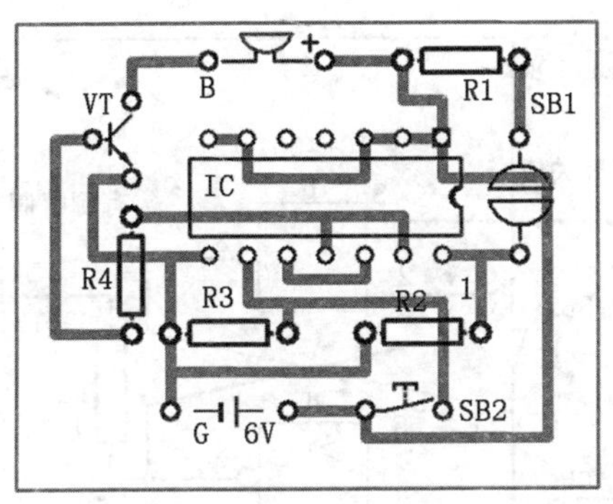

图 3-6-1 下雨告知器印刷线路图

改为：去除有源间隙声蜂鸣器，改用 6V 小电珠即可。将触摸开关板安置于台灯上，先按一下复位按钮 SB2 让其复位。若用手触摸触摸开关板 SB1，将引起 RS 触发器电路的翻转，小电珠发光工作。欲关灯则按复位按钮 SB2，让其复位即可。

3. 电路工作原理

本电路使用 1 片四二输入或非门集成电路 4001 组成 RS 触发器。图 3-6-2 是下雨告知器的电原理图。

现在，让我们来分析下雨告知器的电路原理。

电路中集成电路 4001 的门 I 和门 II 组成 RS 触发器。首先，按一下按钮 SB2，用脉冲的上升沿给 R 端复位。复位后，输出端 Q 为低电平“0”状态，这时晶体三极管 VT 截止，有源间隙声蜂鸣器不响。平时，RS 触发器的 S 端（1 脚）由下拉电阻 R2 拉至低电平“0”状态。当安装在室外的触摸开关板遇雨水时，6V 电源通过雨水使触摸开关板 SB1 导通。此时 RS 触发器的 S 端（1 脚）的电平高于开门电平，RS 触发器翻转，输出端 Q 由低电平“0”状态变为高电平“1”状态，晶体三极管 VT 导通，

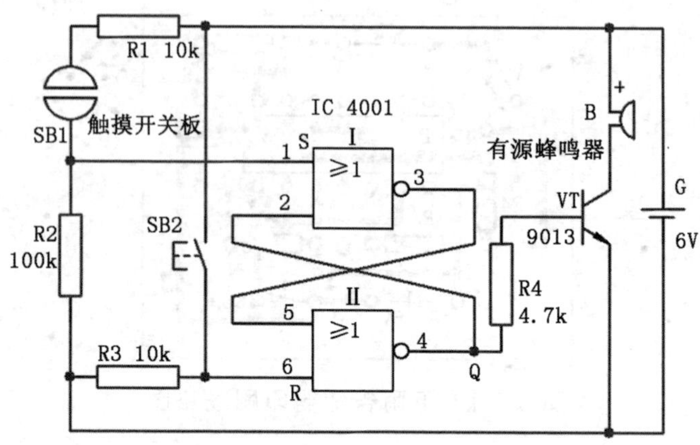

图 3-6-2　下雨告知器电原理图

有源间隙声蜂鸣器开始鸣叫报警。只有按动复位按钮 SB2，电路才能回到起始状态，解除报警。

七、多变彩灯

我们知道，红、绿和蓝这 3 种基色光可以合成白光和各种颜色的光，而红光和绿光可以合成出橙光。

这里，向你介绍一个用 1 片六反相器集成电路 4069 和 1 只双色发光二极管组成的随机变色电路，它可以实现红光、绿光和橙光的随机变化。

1. 制作所需元器件

集成电路：六反相器 4069，1 只。

电阻器：R1，150kΩ，1 只；R2，100kΩ，1 只；R3、R4，470Ω，2 只。

电容器：C1、C2，10μF，各 1 只。

二极管：D，共阴三端双色发光二极管，1 只。

其他：5 号电池 4 节；印刷线路板 1 块。

2. 制作过程

（1）按照图 3-7-1 所示多变彩灯的印刷线路图，制作印刷线路板 1 块。它的尺寸为 35mm×25mm。

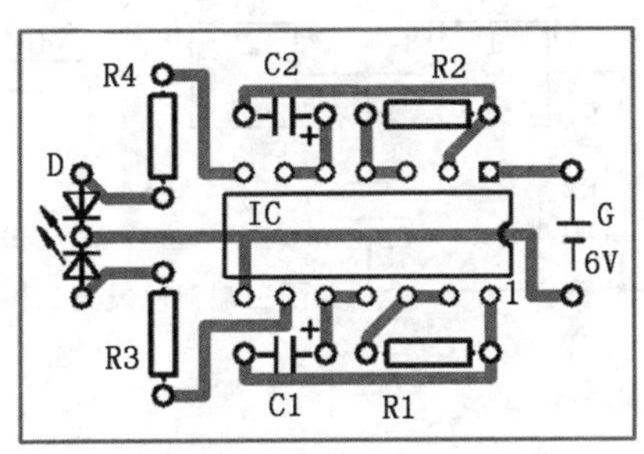

图 3-7-1　多变彩灯印刷线路图

（2）焊接集成电路六反相器 4069 及其他元件，六反相器 4069 的 7 脚接地，14 脚接电源正极。

（3）电源可选 4 节五号电池。该电路制作较为简单，无需调试。在实际应用中，若想改变灯光变化的速度，可适当变更振荡电阻 R1、R2 或电容 C1、C2 的数值。R 或 C 取值大，振荡频率低，振荡周期长，反之，振荡频率高，振荡周期短。

3. 电路工作原理

共阴三端双色发光二极管，内含两种发光体。在它们的阳极分别上电，它们都能分别发出红光和绿光，但在它们的阳极上同时上电，则会合成为橙色光。

图 3-7-2 是多变彩灯的电原理图，现在，分析一下多变彩灯的电路原理。

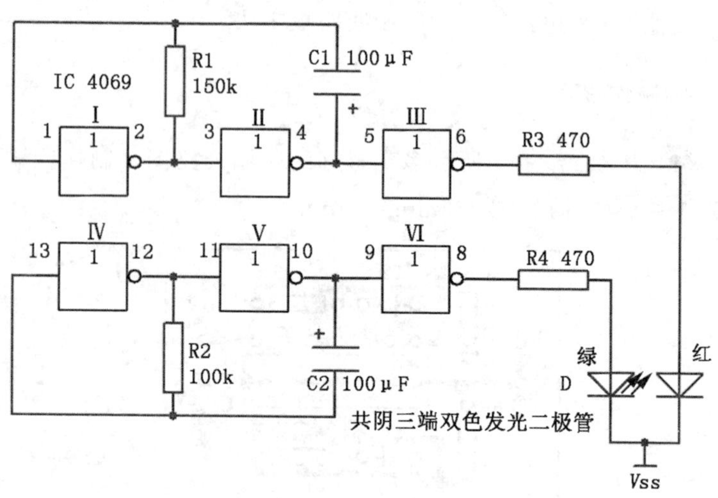

图 3-7-2　多变彩灯电原理图

本电路由 1 片六反相器集成电路 4069，构成 2 种不同频率的方波振荡器，分别驱动红色和绿色发光二极管。振荡器输出信号周期 T 分别由 R1、C1 和 R2、C2 的值所决定，可近似用公式 $T=2RC$ 来估算。R3 和 R4 为红色和绿色发光二极管的限流电阻。

由反相器Ⅰ、Ⅱ、Ⅲ和电阻 R1 及电容 C1 组成的周期约为 3s 的方波振荡器驱动红色发光二极管；由反相器 IV、V、VI 和电阻 R2 及电容 C2 组成的周期约为 2s 的方波振荡器驱动绿色发光二极管。当红色、绿色发光二极管同时亮被驱动时，变色二极管就会发橙色光。由于两个振荡器的振荡周期不相等，而且初始的相位差是随机的，因此它们输出同为高电平的时间长短也是随机的，因而双色发光二极管所发出的红色、绿色、橙色和发光时间也是随机的。图 3-7-3 为本电路双色发光二极管发光颜色变化的描述图，其中 A 为红色管的波形，B 为绿色管的波形。

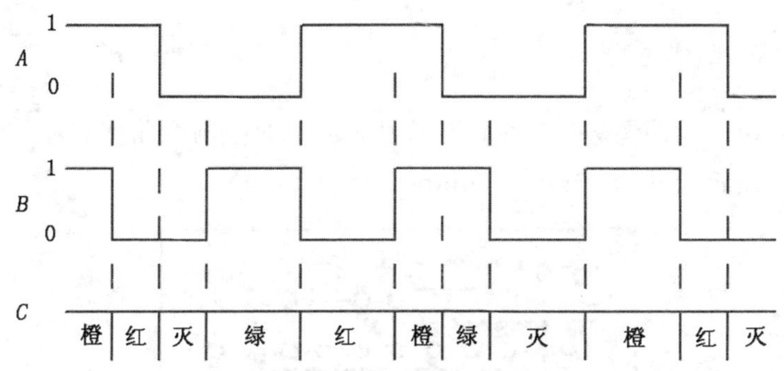

图 3-7-3　双色发光二极管发光颜色变化描述图

八、视力保护器

学生在看书、写字时，由于照射光线的不适当，时间久了往往容易导致视觉疲劳，造成视力减退，进而形成近视。这里，向你介绍一个用 1 只四二输入与非门集成电路 4011 和 1 只光敏电阻等元件构成的视力保护器。它能实时监控环境光照的情况，当环境光照过强或过弱时，视力保护器将发出报警信号，从而指导人们在合适的光线下学习，对视力起到保护作用。

1. 制作所需元器件

集成电路：四二输入与非门 4011，1 只。

电阻器：R，100kΩ，1 只。

可变电阻器：RP1、RP2，100kΩ，2 只。

光敏电阻器：RG，1 只。

电容器：C，2200pF，1 只。

其他：无源蜂鸣器 B，1 只；S 1×2 拨动开关 1 只；电源 G，5 号电池 4 节；印刷线路板 1 块。

2. 制作过程

（1）按照图 3-8-1 所示的视力保护器的印刷线路图，制作印刷线路板尺寸为 35mm×30mm。

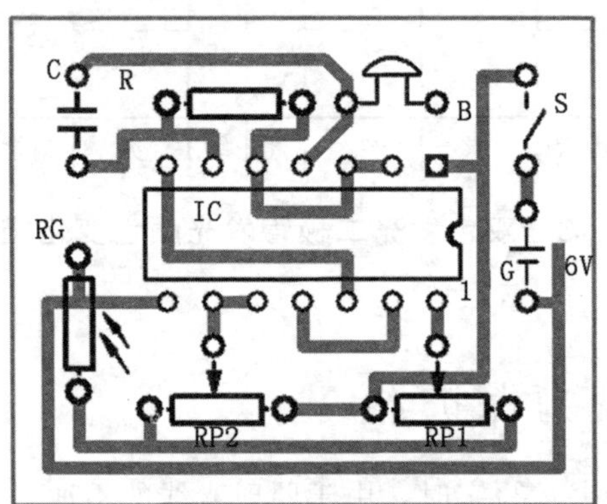

图 3-8-1 视力保护器印刷线路图

（2）焊接时，注意光敏电阻的受光面要向上安放。电源可选 4 节五号电池。调试时可借助照度计进行。适合阅读、书写的环境光照度一般以 100～1000lx（勒）为宜。

（3）将照度计和视力保护器同时放置于桌面，调节安置于正上方的调光台灯的光照度。在照度计指示值为 100lx 和 1000lx 时，分别调整 RP2 和 RP1 的数值，使蜂鸣器正好处与临界发声状态即可。

（4）若无照度计，也可用两种不同的电光源进行粗调。先用 15W 白炽灯放于视力保护器 25cm 高度处，调整 RP2 的数值，使蜂鸣器处于临界发声状态；然后以 100W 白炽灯替代，调整 RP1 的数值，使蜂鸣器处与临界发声状态。

（5）使用时，将视力保护器放置于桌面，闭合开关，若蜂鸣器无声，说明目前光照度合适；若蜂鸣器发出警报声，说明光照度已不合适了。它能即时提醒人们注意学习环境，从而保护视力。

3. 电路工作原理

本电路使用 1 片四二输入与非门 4011 集成电路。与非门是执行与非功能的逻辑元件。其逻辑关系的特点是：只有当输入端全部为高电平“1”状态时，输出端才为低电平“0”状态；在其余输入情况下，输出端均为高电平“1”状态。

图 3-8-2 是视力保护器的电原理图。现在，让我们来分析视力保护器的电路原理。

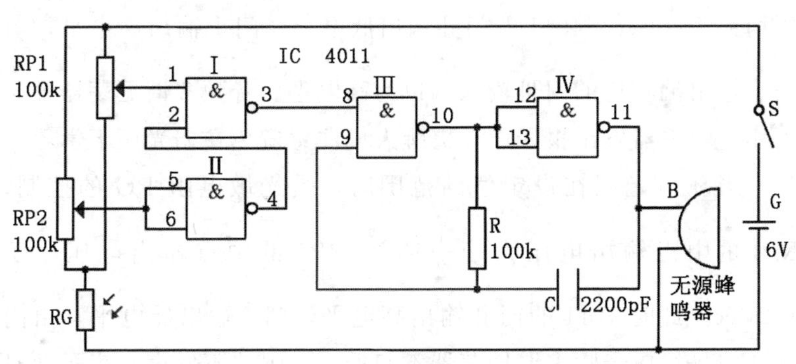

图 3-8-2 视力保护器电原理图

电路是由光敏电阻 RG 和四二输入与非门 4011 集成电路的门Ⅰ和门Ⅱ组成光电转换电路。由与非门 4011 的门Ⅲ和门Ⅳ组成音频多谐振荡报警电路。

阻值随光照强度的变化而改变是光敏电阻 RG 的特点。光照愈强，其阻值愈小；光照愈弱，其阻值愈大。可变电阻 RP1、RP2 的中点电位分别作为与非门 4011 的门Ⅰ和门Ⅱ的输入电平，调节 RP1、RP2 的阻值可分别改变监测光照强度的上限值和下限值。

当环境光照高于设定值的上限时，光敏电阻 RG 受光照的强度较强，所呈现的电阻值较小。此时，RP1、RP2 的中点输出电压均小于$\frac{1}{2}V$cc，4011 的门Ⅱ输出高电平，门Ⅰ也输出高电平，与门Ⅰ输出端相联的门Ⅲ输入端也为高电平。由门Ⅲ和门Ⅳ组成音频多谐振荡器开始工作，蜂鸣器发出报警声，提醒人们注意避免在强光照下学习。

当环境光照低于设定值的下限时，光敏电阻 RG 受光照的强度较弱，所呈现的电阻值较大，此时，RP1、RP2 的中点输出电压均大于$\frac{1}{2}V$cc，4011 的门Ⅱ输出低电平，门Ⅰ输出高电平，与门Ⅰ输出端相连的门Ⅲ输入端也为高电平。音频多谐振荡器开始工作，蜂鸣器发出报警声，提醒人们注意避免在弱光照下学习。

当环境光照在设定值的范围时，受光敏电阻 RG 的控制，RP1 的中点输出电压大于$\frac{1}{2}V$cc，RP2 的中点输出电压小于 1/2Vcc。此时 4011 的门Ⅱ输出高电平，门Ⅰ输出低电平，由门Ⅲ和门Ⅳ组成音频多谐振荡器不起振，蜂鸣器不发声，表示此时光照正常。

电路中，4011 的门Ⅲ和门Ⅳ组成的音频多谐振荡器中的振荡频率由 R 和 C 决定，因而改变 R 和 C 的数值可改变蜂鸣器发声的音调。

九、电池电压甄别器

近年来，全国各地广泛地开展各项科技活动。活动中，通常使用镍铬或镍氢可充电电池组。这些充电电池都具有以下特征：

以1节5号镍氢电池为例，其电压标值为1.2V。若刚充满电，其电压为1.4V左右，在使用过程中，电池电压基本维持在1.2V以上。但当电能不足，电池电压低于1.2V时，其放电特性将急剧下降。这里介绍一个用1只四二输入与非门4011集成电路和1只发光二极管（作指示灯）等元件构成的电池电压甄别器。它能测量出电池组电压的三种状况：电压高于正常电压值即充满电时，发光二极管闪亮；电压正常时，发光二极管不亮；电压不足时，发光二极管亮。被测电池组的电压范围是3.6～14V。

1. 制作所需元器件

集成电路：四二输入与非门4011，1只。

电阻器：R1、R2，10kΩ，2只；R3，470kΩ，1只；R4，200Ω，1只。

可变电阻器：RP1、RP2，100kΩ，2只。

电容器：C，0.22μF，1只。

发光二极管：D，白色LED，1只。

其他：开关S，1×2拨动开关，1只；5号电池4节；印刷线路板1块。

2. 制作过程

（1）首先按照图3-9-1所示视力保护器的印刷线路图，制作印刷线路板1块，电路板的尺寸为35mm×30mm。

（2）本电路只用了4011集成电路的两个与非门。另外两个与非门的输入端8、9、12和13脚已与电源负极7脚相连。在制作上注意这个问题，不需要门的输入端都应安置一个电平。

（3）完成电路焊接制作后，即可通电调试，调试时可借助可调式直流电压源和电压表进行。假如我们使用4节5号镍氢电池

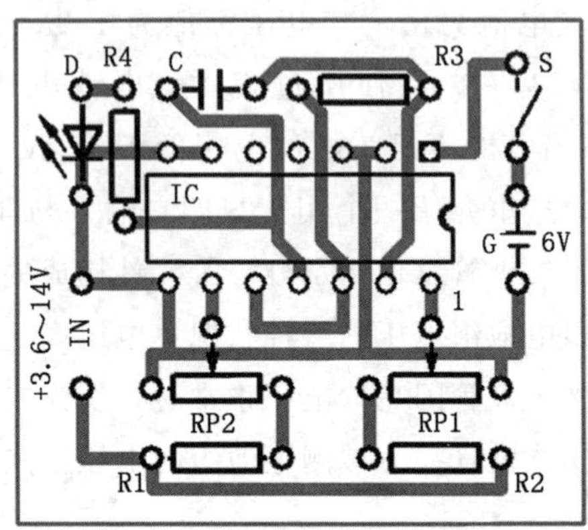

图 3-9-1　视力保护器印刷线路图

串联作为被测电池电源。经计算，充满电时，电池组电压 U_H＝1.4V/节×4 节＝5.6V，取监测电池电压的上限值为 5.5V；电池组下限电压 U_L＝1.2V/节×4 节＝4.8V，取监测电池电压的下限值为 4.8V。

调试时，先将可调式直流电压源调到 5.5V，接到电池电压甄别器的输入端，调整 RP1 的数值，使发光二极管处于临界闪亮状态；再将可调式直流电压源调到 4.8V，调整 RP2 的数值，使发光二极管处于临界发光状态即可。

(4) 使用时，闭合电池电压甄别器的电源开关，将其输入端接被测电池组的正、负极，注意极性不要接反，观察电池电压甄别器的发光二极管即可知道该电池组的电压状况。

另外，由于与非门的阈值电压为 3V 左右，因此本电路被测电池组的电压范围设定为 3.6～14V。

3. 电路工作原理

本电路使用 1 片四二输入与非门 4011 集成电路。其逻辑关系式为：$Y=\overline{A \times B}$。式中 A 和 B 为输入端，Y 为输出端。1 片 4011 集成电路有 4 个与非门，本电路只用其中的 2 个。可变电阻 RP1、RP2 的中点电位分别作为与非门 4011 的门 I 和门 II 的输入电平，调节 RP1、RP2 的阻值可分别改变监测电池电压的上限值和下限值。

图 3-9-2 是电池电压甄别器的电原理图。现在，让我们来分析电池电压甄别器的电路原理：

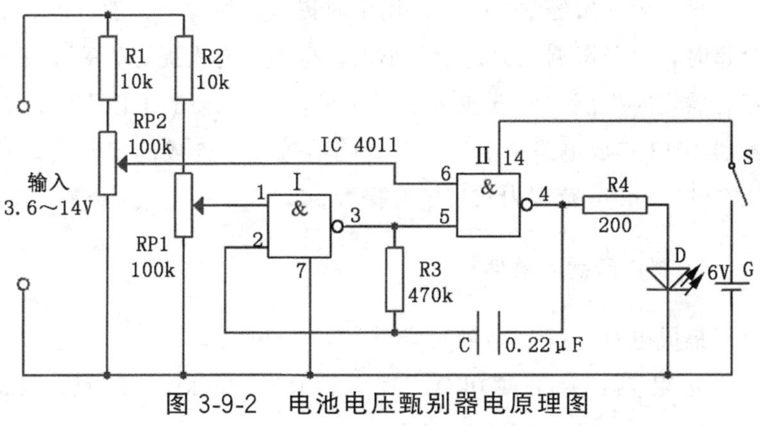

图 3-9-2　电池电压甄别器电原理图

当电池电压在设定值的范围时，RP1 的中点输出电压小于 $\frac{1}{2}V_{cc}$，RP2 的中点输出电压大于 $\frac{1}{2}V_{cc}$。此时集成电路 4011 的门 I 输出高电平，门 II 输出低电平，发光二极管不发光，表示此时电压正常。

当电池电压低于设定值的下限时，RP1、RP2 的中点输出电压均小于 $\frac{1}{2}V_{cc}$，与非门 4011 的门 I 输出高电平，门 II 也输出高电平，发光二极管发光，表示此时电压不足。

当电池电压高于设定值的上限时，RP1、RP2 的中点输出电压均大于$\frac{1}{2}V_{cc}$，此时，与非门 4011 的门 I、门 II 相当于两个倒相器，它们和电阻 R3、电容 C 形成多谐振荡器。振荡器的输出方波驱动发光二极管闪亮，表示电池已充满电。

电路中的电阻 R4 为发光二极管 D 的限流电阻。

十、定时器

日常生活中经常会需要使用定时提醒，如看书、学习最好不要超时，以免影响视力；中午小歇，也需要有人提醒等等。有了定时器定时提醒，就方便多了。这里，向你介绍用 1 只双 D 触发器 4013 集成电路和 1 只有源蜂鸣器等元件构成的定时器。它能在 6～20min 范围内实现定时提醒。

1. 制作所需元器件

集成电路：双 D 型触发器 4013，1 只。

电阻器：R1，470kΩ，1 只；R2，4.7kΩ，1 只；R3，10kΩ，1 只；R4，100kΩ，1 只。

可变电阻器：RP，1MΩ，1 只。

电容器：C1，1000μF，1 只；C2，1000pF，1 只。

二极管：D，1N4148，1 只。

三极管：VT，9013，1 只。

其他：有源间隙声蜂鸣器 B，1 只；1×2 拨动开关 S，1 只；按钮开关 SB，1 只；电源 G，5 号电池 4 节；印刷线路板 1 块。

2. 制作过程

（1）图 3-10-1 是定时器的印刷线路图，印刷线路板的尺寸为 30mm×35mm。

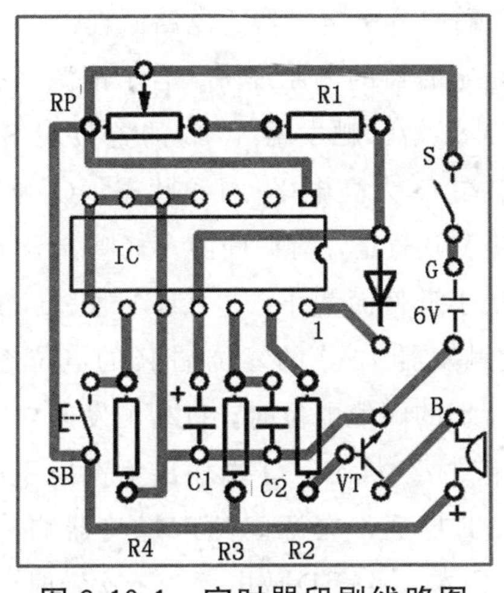

图 3-10-1　定时器印刷线路图

（2）把 4013 集成电路安置在该线路板中，并与其他元件一起焊接。本电路只用双 D 型触发器 4013 的一个触发器。余下的另一个触发器的输入端 8、9、10 和 11 脚与电源负极 7 脚相连。

（3）电源可选 4 节五号电池。该电路焊接制作完成后进行调试，调试时可借助秒表进行。合上电源开关 S，按一下按钮开关 SB，调节可变电阻 RP 的数值可将定时时间设定在 6～20min（分钟）内。同时，可用笔在可变电阻刻度盘上标上定时时间。

（4）定时时间的长短取决于电阻 R1、可变电阻 RP 阻值之和与电容 C1 容量的乘积。改变电阻 R1 的阻值或电容 C1 的容量，可改变定时时间。

3. 电路工作原理

本电路使用 1 只双 D 型触发器 4013 集成电路。触发器是时序电路的基本单元之一。

现在，让我们来分析定时器的电路原理：

图 3-10-2 是定时器的电原理图。合上电源开关 S，按一下按钮开关 SB，定时开始，触发器 4013 的置位端 S 为高电平“1”状态，所以输出端 Q 为高电平“1”状态，$\overline{Q}$ 为低电平“0”状态，晶体三极管 VT 截止，有源间隙声蜂鸣器为无声状态。此时晶体二极管 D 处于反偏而截止，电容 C1 通过可变电阻 RP 和电阻 R1 充电，使触发器 4013 的复位端 R 的电位逐渐上升。当电位逐渐上升至 R 端的阈值电位时，D 型触发器立即翻转复位，Q 端输出为低电平“0”状态，$\overline{Q}$ 端输出为高电平“1”状态。因此晶体三极管 VT 导通，有源间隙声蜂鸣器响，定时结束。同时，电容 C1 经晶体二极管 D 放电，为下次定时做准备。

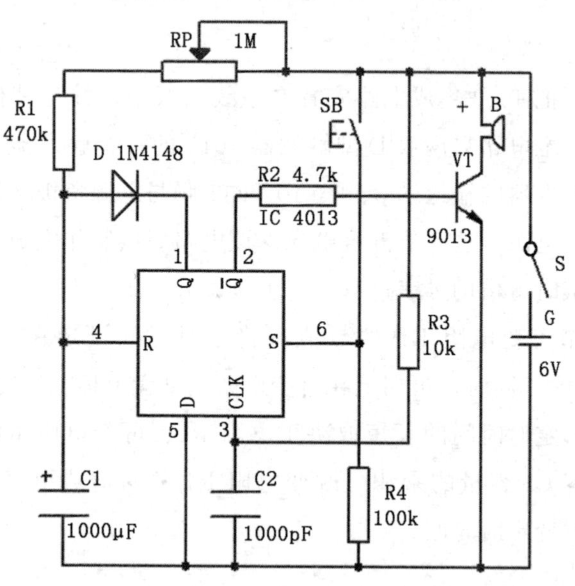

图 3-10-2　定时器电原理图

十一、多用途恒压电源

收录机、复读机等家用电器的电源一般使用 3V 或 6V 直流电供电，在家里使用这些电器，若使用干电池供电，虽然使用方便了，但却增加了购买电池的消费，而且也存在电池用完后的环保问题；若使用交流电源供电，你也感到不同电源、不同电压在切换上的不方便。这里，向你介绍一个用 1 个电源并使用 1 只开关进行 3V 或 6V 两种电压切换的多用途恒压电源。恒压电源，即恒定电压输出的电源，其特点是电压输出稳定，无漂移。同时，对用电器来说，使用恒压电源，既能发挥其正常的功效，又能延长使用寿命。

1. 制作所需元器件

电源变压器：T，220V/10V，5W，交流变压器，1 只。

集成电路：稳压器 LM317，1 只。

整流器：D1，2A/50V，桥堆，1 只。

二极管：D2、D3，1N4001，2 只。

发光二极管：D4，红色 LED，1 只。

电阻器：R1，240Ω，1 只；R2，100Ω，1 只；R3，200Ω，1 只；R4，1kΩ，1 只。

电容器：C1，2200μF/25V，1 只；C2，10μF/16V，1 只；C3，0.1 μF，1 只。

其他：1×2 拨动开关 S1、S2，2 只；保险丝 F，0.5A/250V，1 只；H 型铝散热器，1 只；带插头电源线，输出线，各 1 根；印刷线路板 1 块。

2. 制作过程

（1）图 3-11-1 是多用途恒压电源印刷线路图，印刷线路板的尺寸为 40mm×50mm。除了变压器外，其余电子元件均安置在这块板上。

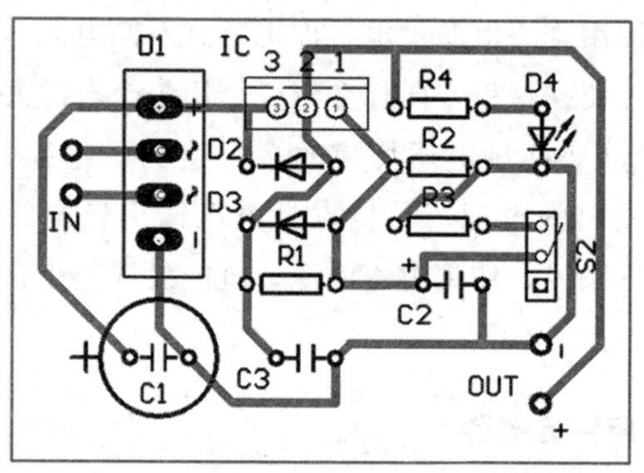

图 3-11-1　多用途恒压电源印刷线路图

（2）焊接制作时，要注意稳压器 LM317、整流器、晶体二极管、发光二极管及电容的极性，千万不要装反；输出线也要注意插头的极性，不要装反。

（3）仔细检查后明确接线无误，将散热器装在稳压器 LM317 上，通电工作。用电压表检查输出电压，拨动开关 S2，检查另一输出电压，若正常即能工作。

（4）若你想输出新的电压值，如 4.5V 等，应重新计算新的电阻 R2 的值，取代以前的 R2，但要注意 R3 的取值也要同时变更。计算方法为 $U_{OUT}=1.25(1+R_2/R_1)$。

3. 电路工作原理

LM317 稳压器是三端可调输出正电压集成稳压器。在 10V

输入电压的条件下，其输出电压在1.2～8V范围内可调，属于串联调整式稳压器，它由基准电路和误差放大电路、启动电路和保护电路组成。LM317稳压器外形和引脚排列图如图3-11-2所示。

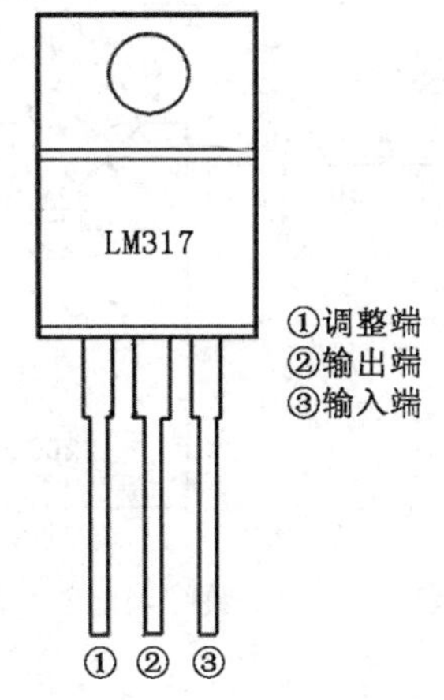

图3-11-2 LM317稳压器外形和引脚排列图

图3-11-3是多用途恒压电源的电路图。电阻R1接在稳压器的输出端与调整端之间，其两端电压为稳压器固定不变的基准电压1.25V。这样R1上的电流为恒流，R1取240Ω。R2接在调整端与电源地之间，流过R2的电流：一是流过R1的电流，另一个是从稳压器调整端流出的电流。同时，输出电压$U_{OUT}=1.25(1+R2/R1)$，因此，改变R2的取值，就可调节输出电压。本电路$R2$取100Ω，输出电压3V。通过开关S2，将电阻R3与R2并接，$R3$取200Ω，并接后总电阻为75Ω，从而得到输出电压6V。

电容C1为滤波电容，电容C3的作用是克服LM317稳压器在深度负反馈条件下可能产生的自激振荡。为防止输入端短路时，电容放电损坏稳压器，故在输入输出端之间接晶体二极管D2。电容C2的作用是提高稳压器波纹抑制比，减少输出电压中的波纹电压。为防止输出端短路时，电容C2将通过调整端向稳压器放电而损坏稳压器，所以在调整端与输出端之间接晶体二极管D3。

D4为红色发光二极管，起指示灯作用。其限流电阻是按照输出电压6V而设计的，$R4$取值1kΩ。当输出电压为3V时，发光二极管的亮度将变得较暗，这样也有利于我们区分输出电压。

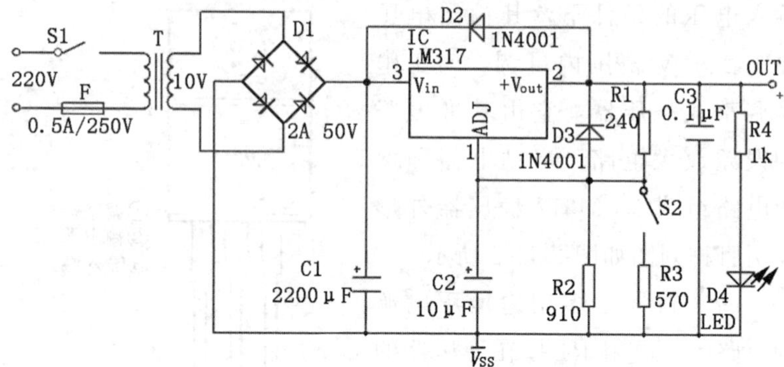

图 3-11-3　多用途恒压电源电路图

十二、恒流充电器

目前，镍镉电池和镍氢电池是小家电中最常用的电池，而选择合理的充电器和正确的充电方法是延长充电电池寿命的关键所在。这里，向你推荐一个用较少的元器件制成的恒流充电器。恒流充电，即恒定电流的充电。其特点是能精确地计算充电电流和充电时间，使被充电池在充电后能获得合适的电能和发挥其最大的效率，以避免电池充电后产生的充电不足和过度充电，从而影响充电电池的使用寿命。

该恒流充电器的恒定充电电流为 200mA，每次可充 1～4 节镍镉电池或镍氢电池。充电时，电池采用串联接法，充电时间可根据充电电池的容量进行计算。

1. 制作所需元器件

集成电路：稳压器 LM317，1 只。

整流器：D1，桥堆，1 只。

二极管：D2，1N4001，1 只。

发光二极管：D3，红色 LED，1 只。

电阻器：R1，6Ω，1 只；R2，10Ω，1 只。

电容器：C，220μF/25V，1 只。

其他：电源变压器 T，220V/12V5W，交流变压器，1 只；1×2 拨动开关 S1，1 只；保险丝 F，0.5A/250V，1 只；H 型铝散热器，1 只；带插头电源线，1 根；带鲤鱼夹头输出线，2 根；5 号、7 号电池架若干；印刷线路板 1 块。

2. 制作过程

（1）图 3-12-1 所示的是恒流充电器的印刷线路图，印刷线路板的尺寸为 40mm × 30mm。焊接制作时，要注意稳压器 LM317、整流器、晶体二极管、发光二极管及电容的极性，不要装反；输出线红线接正极，黑线接负极，散热器装在稳压器 LM317 上。

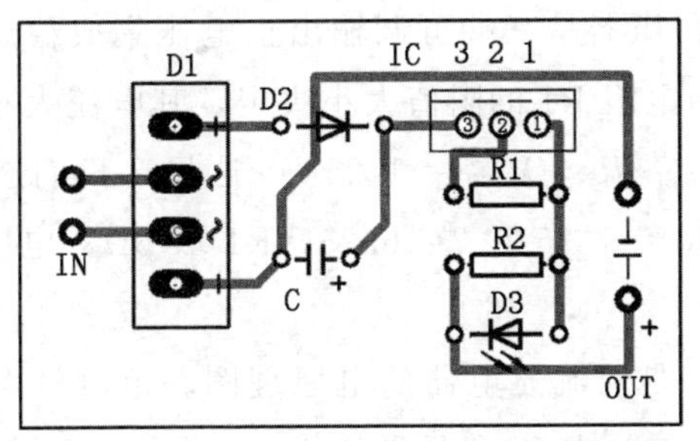

图 3-12-1　恒流充电器印刷线路图

（2）电源变压器的次级电压为 12V，减去晶体二极管压降 0.7V、集成稳压器的基准电压 1.25V 及发光二极管压降为 2V，充电电池一次最多可充 4 节，电池连接采用串联接法。

（3）调试时，将充电电池放入电池架，恒流充电器的正极输出鲤鱼夹接电池组的正极，负极输出鲤鱼夹接电池组的负极，此时，充电指示发光二极管亮，表明充电开始。

（4）充电时间的计算方法：

充电时间 t(h)=[电池电量(mAh)/充电电流(200mA)]×1.5

例如，1800mAh 的 5 号镍氢电池的充电时间，t(h)=(1800/200)×1.5=13.5(h)；700mAh 的 7 号镍氢电池的充电时间，t(h)=(700/200)×1.5=5.25(h)。

电池充满时，充电电流减小，充电指示发光二极管变暗。

若你想改变充电电流，应计算新的电阻 R1 的值，用新的电阻 R1 取代以前的电阻 R1，计算公式为 $I_{OUT}=V_{REF}/R_1$。同时注意，充电指示电路中的电阻 R2 的取值也要同时变更。

3. 电路工作原理

LM317 稳压器是三端可调输出正电压集成稳压器。恒流源的电流大小由电阻 R1 的阻值大小决定，其电流大小的计算方法为：$I_{OUT}=V_{REF}/R_1$，$V_{REF}=1.25$V，这里，我们选取充电电流为 200mA，$R_1=1.25/0.2=6.25$，R1 取 6Ω，电阻 R1 的功率应大于 1W。

图 3-12-2 是恒流充电器的电原理图。市电经电源变压器降压、整流、滤波，由 IC 稳压器构成恒流源向电池充电。

晶体二极管 D2 的作用是为了防止充电电池接反、电流倒流而损坏集成稳压器。

电阻 R2 和发光二极管 D3 并联组成充电指示电路，发光二极管两端电压为 2V，流过发光二极管 D3 的电流为 10mA，流过电阻 R2 的电流为 190mA，电阻 R2 的阻值取 10Ω，R2 的功率应大于 1W。

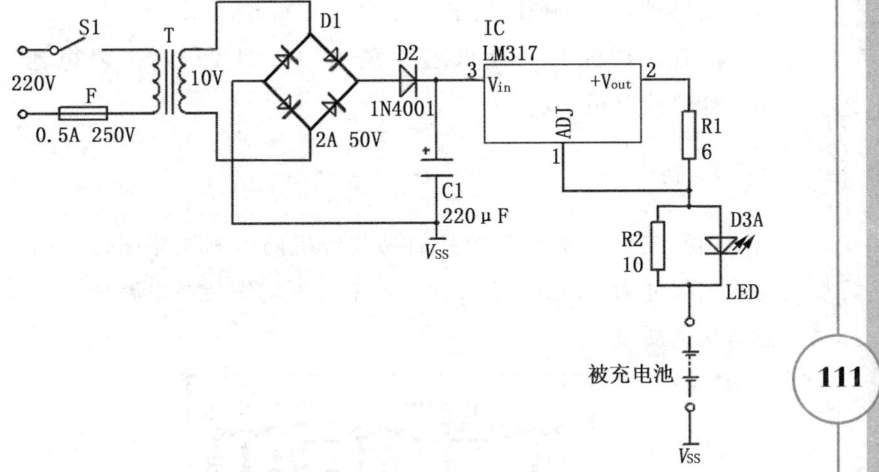

图 3-12-2 恒流充电器电原理图

十三、集成电路收音机

目前，收音机早已进入千家万户，你想知道它的工作原理吗？你想亲自动手组装一台吗？这里，向你推荐一个用较少的元器件组成的简易收音机，它采用一片微型收音机专用集成电路 YS414，使用耳机收听声音。

1. 制作所需元器件

集成电路：IC，微型收音机专用集成电路 YS414，1 只。

三极管：VT，9015，1 只。

电阻器：R1，100kΩ，1 只；R2，4.7kΩ，1 只；R3，27kΩ，1 只。

电容器：C1，270pF 可变电容，1 只；C2，0.01μF，1 只；C3，0.1μF，1 只；C4，0.22μF，1 只。

电感器：L，磁棒线圈，1只。

其他：耳机B，8Ω低阻耳塞，1只；电源G，5号电池2节；印刷线路板1块。

2. 制作

（1）图3-13-1所示的是简易收音机的印刷线路图，印刷线路板的尺寸为35mm×25mm。各个元件均安装在电路板上，注意焊接的质量。

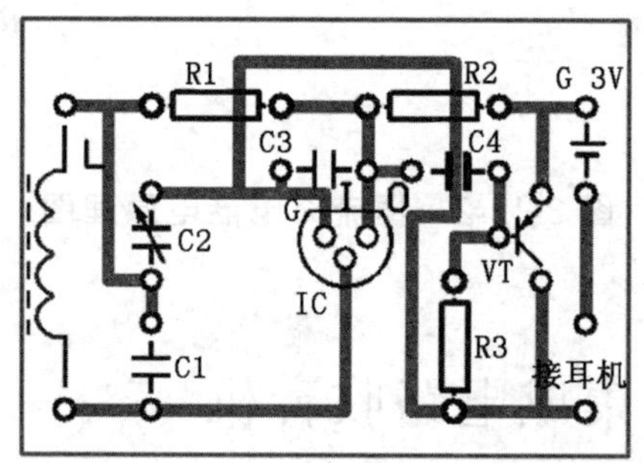

图3-13-1 简易收音机印刷线路图

（2）磁棒线圈L的绕法为：选择4mm×13mm×55mm中波扁磁棒，用Φ0.33mm单股漆包线在磁棒上单层密绕70匝。

（3）该电路制作调试较为容易，电源可选4节五号电池。耳机插座又作为电源开关。接上耳机即通电，调节可变电容C1，可收听540～1600kHz的中波段电台广播，如收不全各个电台，移动天线线圈L在磁棒上的位置，仔细调整即可。

3. 电路工作原理

图3-13-2是集成电路收音机的电路图。我们知道，收音机播出的音乐、语音都属于音频信号，其频率为25Hz～20kHz。

要将这些音频信号从电台的天线上传送到空中，必须让其搭载在高频无线电波上，称之为高频载波。例如，你想收听上海新闻广播电台，就必须把收音机调谐在 990kHz 上，990kHz 就是载波信号频率。在空中各种频率的高频无线电波有许多，收音机怎样选择你所需要的载波信号频率呢？图 3-13-2 中的磁性天线 L 和可变电容 C1 组成了一个调谐回路，它就像一扇门，只对某一载频开放，而将其他载频拒之门外。另外，通过调节可变电容 C1，可使这扇门移动于 540～1600kHz 之间。然而，从天线上接收的信号是很微弱的，必须对它进行放大处理，而放大了的信号仍滞留在空中，也要将它请下来，回到音频信号，这一过程称为检波，这些事都由收音机电路的核心器件——专用集成电路 YS414 去完成。YS414 内部由缓冲器、三级高频放大器和检波器组成。其外形及电路符号标注图见图 3-13-3。通过检波出来的音频信号，再经晶体三极管 BG 将其放大，这样在耳机中就可听到洪亮的声音了。

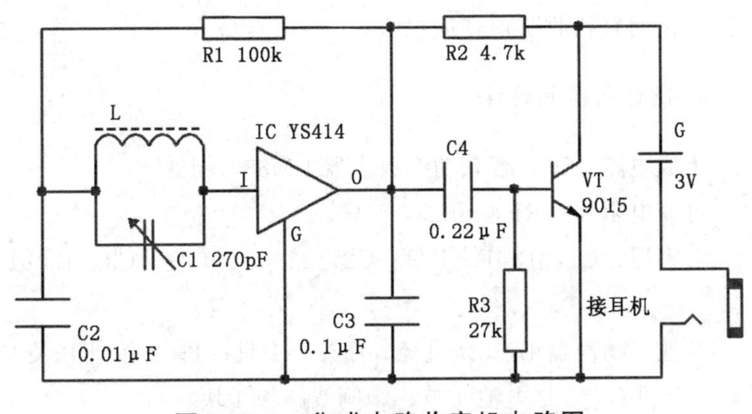

图 3-13-2　集成电路收音机电路图

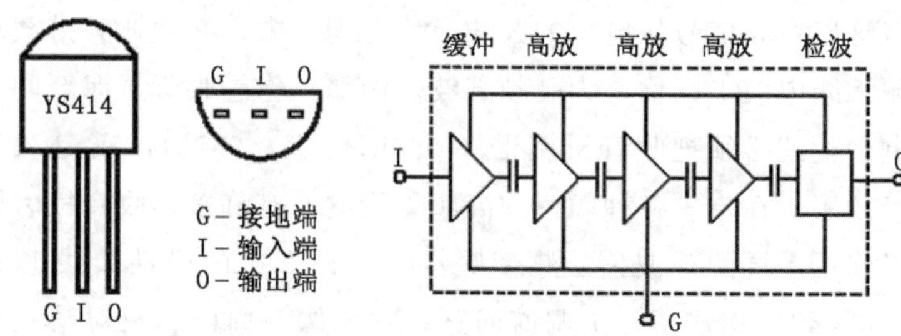

图 3-13-3 收音机专用集成电路 YS414 外形及电路符号标注图

十四、微型音响

我们生活中使用的某些小家电，如前面介绍的集成电路收音机，MP3 播放器等，它们都使用耳机收听，但长时间收听会使耳朵感觉不舒服。你有没有想到用 1 台微型音响来替代耳机呢？这里，向你介绍用 1 片小功率音频放大集成电路 LM386 和 1 只直径 5 厘米扬声器等元器件组成的微型音响。用它就能实现你不使用耳机而轻松收听声音的想法。

1. 制作所需元器件

集成电路：IC，音频功率放大器 LM386，1 只。

可变电阻器：RP，10kΩ，1 只。

电容器：C1，10μF，1 只；C2，220μF，1 只；C3，100μF，1 只。

其他：扬声器 B，8Ω 直径 5 厘米，1 只；1×2 拨动开关 S，1 只；电源 G，5 号电池 4 节；印刷线路板 1 块。

2. 制作过程

（1）图 3-14-1 所示的是微型音响的印刷线路图，印刷线路板的尺寸为25mm×25mm。

(2) 构成微型音响的主要元器件是 1 片音频放大集成电路 LM386。其内部结构和管脚排列见图 3-14-2。

(3) 该电路制作调试较为容易，电源可选 4 节五号电池。电路焊接完成后，可先将可变电阻 RP 调到最小位置，接通信号源，打开电源开关 S，调节可变电阻 RP，便可按我们需求的音量收听了。

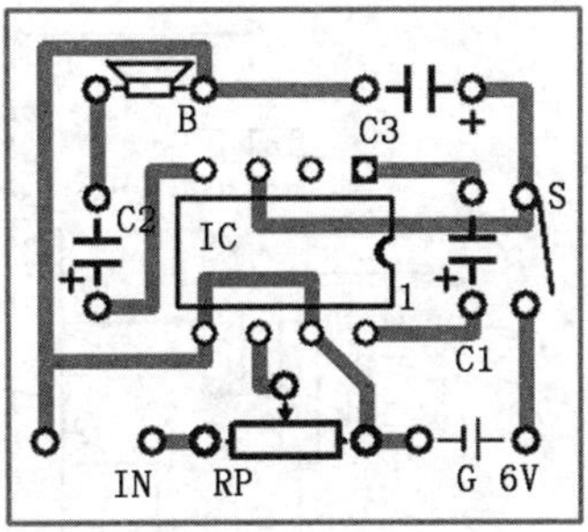

图 3-14-1　微型音响印刷线路图

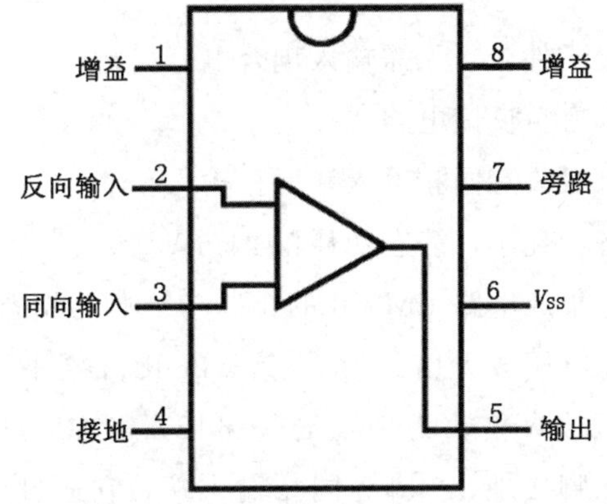

图 3-14-2　音频放大集成电路 LM386 内部结构和管脚排列图

3. 电路工作原理

要分析图 3-14-3 所示的微型音响电路图，首先要了解 LM386 集成电路的特点。

LN386 有以下特点：

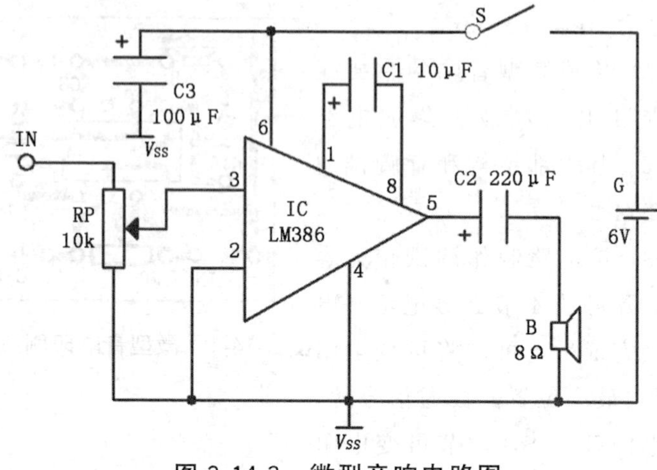

图 3-14-3 微型音响电路图

(1) 外接元件少，无需输入耦合电容；

(2) 内部有负反馈电路。

(3) 输入级具有同相输入和反相输入。

(4) 静态功耗小，静态功耗仅 24mW。

音频放大集成电路 LM386 的 1 脚与 8 脚为增益调整端，当两脚开路时，电压放大倍数为 20 倍（26dB），当两脚间接 10μF 电容时，电压放大倍数为 200 倍（46dB）；2 脚为反相输入端，电路中已将此脚接地；3 脚为同相输入端，它通过可变电阻 RP 接信号输入端，可变电阻 RP 用来调节输入信号的强弱以实现输出音量大小的控制；4 脚为接地端；5 脚为输出端，音频信号由此脚经电容 C2 送到扬声器 B 使其发声；6 脚为电源正极；7 脚为旁路端，无振荡可不接；6 脚与接地之间接一个 100μF 电容，以消除可能产生的自激振荡。

本电路电源电压使用 6V，扬声器阻抗选用 8Ω，输出最大不失真功率可达到 325mW。

十五、电话扩音器

在公共电话亭或在声音嘈杂的地方打电话时，会受到周围杂音的干扰，常会听不清楚对方的声音。这里介绍一个电子小制作，将它随身带在身边，就可以解决这种烦恼。

1. 制作所需元器件

集成电路：IC，音频功率放大器，TA7368P，1只。

三极管：VT，9011，1只。

电感器：L，10mL，1只。

电阻器：R1，200kΩ，1只；R2，3kΩ，1只；R3，10Ω，1只。

可变电阻器：RP，带开关电位器，10kΩ，1只。

电容器：C1，0.047μF，1只；C2、C4、C5，0.01μF，3只；C3，0.47μF，1只；C6，47μF，1只；C7，220μF，1只。

其他：8Ω耳机，1只；电源G，7号电池2节；印刷线路板1块。

2. 制作过程

（1）图3-15-1所示的是电话扩音器的印刷线路图，印刷线路板的尺寸为30mm×40mm。全部元件焊接在此印刷板上。

（2）该电路制作和调试还是比较容易，电源可选2节五号电池。电路焊接完成后，先把电路板上电感器靠近电话的听筒，打开电源开关S，将可变电阻RP调到最小位置，这样便可按我们需求的音量收听了。

（3）因为电感器线圈灵敏度较高，如遇到周围有杂磁干扰时（日光灯、电视机等），可稍微移动以下位置。

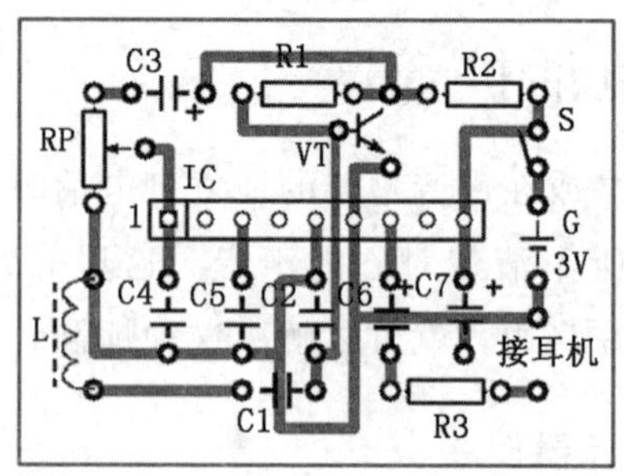

图 3-15-1　电话扩音器印刷线路图

3. 电路工作原理

电话机的听筒是一个小的扬声器，如果用驻极体话筒去拾取声音信号，再经过放大器放大，虽然把对方的声音放大了，但同时把周围环境的噪声也一并拾取，结果听不清楚对方的声音。现在采用电磁感应的方法，利用听筒漏磁拾取，将声音转换为电信号，再经过放大器处理，就得到了“干净”的声音。图 3-15-2 所示的是这个转换过程。

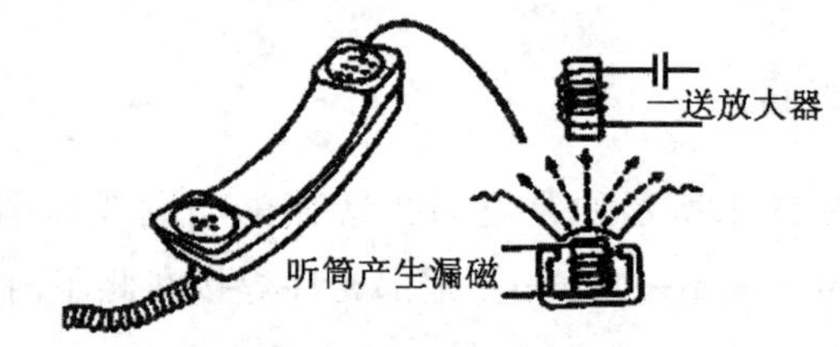

图 3-15-2　电磁感应-电信号转换过程示意图

图 3-15-3 是电话扩音器的电原理图。TA7368P 是音频小功率放大集成电路。L 电感器用来拾取信号；三极管先对信号进行预放，然后将之送到集成电路的 1 脚输入端。集成电路对其进一

步放大后，由集成电路 7 脚输出信号到耳机。

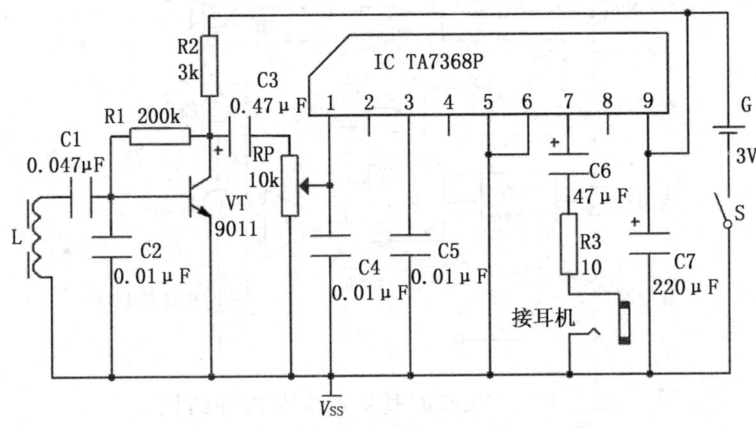

图 3-15-3　电话扩音器电原理图

十六、光控自动灯

目前，光控灯的应用非常广泛，从城市街道上的路灯照明，到居住小区的走道照明，有许多地方已经设置了无人自动控制。这里，向你介绍一个用 1 只 555 时基集成电路和 1 只光敏电阻等元件构成的光控自动灯。它能在夜晚降临时，自动亮灯，而到了白天灯又会自动熄灭。

1. 555 时基集成电路

555 时基集成电路是一种将模拟电路和数字电路巧妙结合在一起的元器件，它的应用非常广泛。其内部结构见图 3-16-1。

555 时基电路内部有 2 个电压比较器、1 个 RS 触发器、21 个晶体三极管和 3 个电阻组成。3 个 5kΩ 电阻组成了分压器（555 名称由此而得），作为 2 个电压比较器的参考电压。

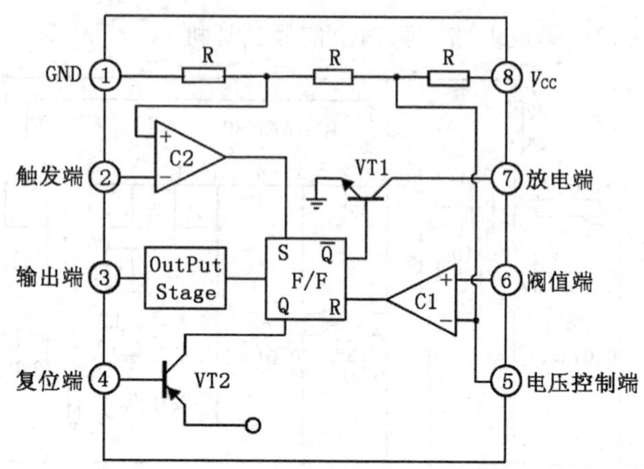

图 3-16-1　555 时基集成电路内部结构

电压比较器的输出控制 RS 触发器和晶体三极管 VT1。当比较器 C2 的触发输入电压小于 1/3 电源电压 Vcc 时，其输出为高电平，触发器 Q 被置位于高电平，$\overline{Q}$ 为低电平，晶体三极管 VT1 截止。而当比较器 C1 的阀值输入端电压高于 2/3 电源电压 Vcc 时，其输出为高电平，触发器置零复位，$\overline{Q}$ 被置位高电平，晶体三极管 VT1 导通。若复位端被置为低电平，触发器则被强制复位，其输出端 $\overline{Q}$ 始终为低电平。所以，当复位端不用时，应将其接高电平。555 时基集成电路真值表见表 3-16-1。

表 3-16-1　555 时基集成电路真值表

引脚	触发端	阀值端	复位端	输出端	放电端
电平	$\leqslant\frac{1}{3}$Vcc	×	1	1	悬空
	$>\frac{1}{3}$Vcc	$\geqslant\frac{2}{3}$Vcc	1	0	0
	$>\frac{1}{3}$Vcc	$<\frac{2}{3}$Vcc	1	不变	不变
	×	×	0	0	0

555 时基集成电路可以组成无稳态振荡器、单稳态触发器、双稳态触发器和各种开关电路等。

2. 光控自动灯制作所需元器件

集成电路：555 时基集成电路，1 只。

电阻器：R，200Ω，1 只。

光敏电阻器：RG，1 只。

可变电阻器：RP，220kΩ，1 只。

发光二极管：D，LED，1 只。

其他：电源 G，5 号电池 4 节；印刷线路板 1 块。

3. 制作过程

(1) 图 3-16-2 是光控自动灯的印刷线路图。应先按照图的要求，制作印刷线路板 1 块，它的尺寸为 20mm×25mm。

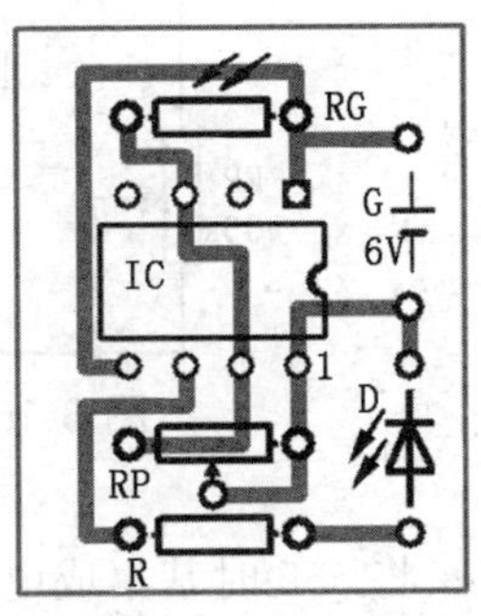

图 3-16-2　光控自动灯印刷线路图

(2) 把各个元件焊接在印刷电路板上，应特别注意集成电路的焊接。

(3) 调试时可先将可变电阻 RP 的阻值调节到最大，将光敏电阻 RG 置于需要开启灯的弱光环境下，然后逐渐调小可变电阻 RP 的阻值直到发光二极管 LED 点亮为止。若将光敏电阻 RG 移至较强的光线下，发光二极管 LED 就能自动熄灭。若照到光敏电阻 RG 上的光线暗于调试时的照度，发光二极管 LED 就会自动点亮。

(4) 该电路还可扩展应用于冰箱关门提醒。此时需将电路修改为：去除发光二极管，改用间歇声有源蜂鸣器接在电源的正极和 IC 的 3 脚输出端。将光敏电阻 RG 移至冰箱的电源指示灯旁。若冰箱门未关好，IC 的 3 脚输出端低电平，蜂鸣器发声；反之，蜂鸣器不响。

4. 电路工作原理

本电路使用 1 片 555 时基集成电路。图 3-16-3 是光控自动灯的电原理图。

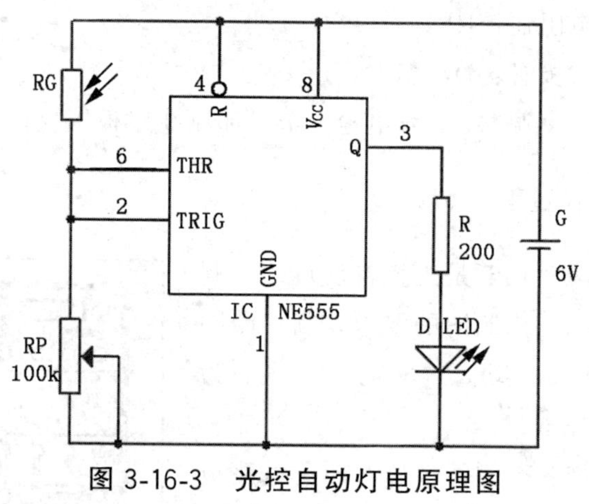

图 3-16-3　光控自动灯电原理图

将 555 时基集成电路接成电压比较器。光敏电阻 RG 和可变电阻 RP 组成了一个简单的分压器，IC 的 6、2 脚接在分压点上。白天光照较大，光敏电阻 RG 呈低阻状态，分压点的电位较高，当 6 脚电位在 2/3 电源电压以上时，IC 被复位，输出端 3 脚为低电平，LED 无电流流过，不发光。夜间，光敏电阻 RG 因无光照，呈高电阻，所以分压点为低电平，当 IC 的 2 脚的电位在小于 1/3 电源电压时，IC 被置位，3 脚输出高电平，电流经电阻 R 流过 LED，使 LED 发光，实现光照的自动控制。

调节可变电阻 RP 的阻值能改变光敏电阻 RG 和可变电阻

RP 的分压比，因而能改变集成电路 IC 的 2、6 脚电位的高低，所以调节它能调整光控的阀值电平。

十七、声控自动延时灯

夜晚睡觉欲起床去卫生间时，要摸黑去找电灯开关开灯照明。此时，若有一个声控灯，你轻拍手掌，它就会点亮，而过一会儿，又会自动熄灭，该有多好啊。这里，介绍一个用 1 只 555 时基集成电路和 1 只白色高亮度发光二极管等元件构成的声控自动延时灯。每当你夜晚起床时，只要轻拍一下手掌，这盏声控自动延时灯就会自动点亮 1 分钟，然后又自动熄灭。它是你卧室里的“好伴侣”，想不想马上动手做一个？

1. 制作所需元器件

集成电路：IC，555 时基集成电路，1 只。

电阻器：R1，10MΩ，1 只；R2，1MΩ，1 只；R3，4.7kΩ，1 只；R4，200Ω，1 只。

可变电阻器：RP，50kΩ，1 只。

电容器；C，47μF，1 只。

三极管：VT1，9014，1 只；VT2，8050，1 只。

发光二极管：D，LED 白色高亮度，1 只。

其他：声传感器 B，压电陶瓷片；1×2 拨动开关 S，1 只；电源 G，5 号电池 4 节；印刷线路板 1 块。

2. 制作过程

（1）图 3-17-1 是声控自动延时灯的印刷线路图，印刷线路板的尺寸为 35mm×30mm。

（2）把 555 时基集成电路安置在该电路中，并把其他元件一起焊接，制作完毕后，接上电源，通电工作。调试时可将声控自动延时灯的电源开关闭合，在离其3～5m处轻拍一下手掌，以检验电路的工作性能，并可通过以下所述的方法，改变电阻等元器件的数值，调整延时点亮的时间或声控的灵敏度。

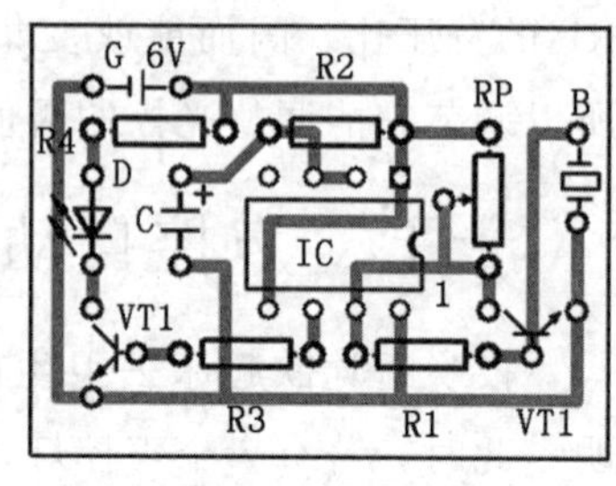

图 3-17-1　声控自动延时灯印刷线路图

（3）本电路发光二极管每次延时点亮的时间长短，取决于单稳态延时电路中电阻 R2、电容 C 的时间常数。若要想缩短延时点亮的时间，可适当减小电阻 R2 的数值来加以调整；反之，增加电阻 R2 的数值可延长延时点亮的时间。

另外，改变可变电阻 RP 的阻值，可调整 555 时基集成电路的低电位触发端（2 脚）电位的高低，可以控制声控的灵敏度。若觉得声控的灵敏度不高，可适当增加可变电阻 RP 的阻值，反之，减小可变电阻 RP 的数值可降低声控的灵敏度。

3. 电路工作原理

本电路使用 1 片 555 时基集成电路。图 3-17-2 是声控自动延时灯的电原理图。声控自动延时灯的工作原理如下。

压电陶瓷片 B 与晶体三极管 VT、电阻 R1、可变电阻 RP 组成了声控脉冲触发电路，555 时基集成电路与电阻 R2、电容 C 组成了单稳态延时电路。平时，晶体三极管 VT 处于截止状态，555 时基集成电路的低电位触发端（2 脚）处于高电平状态，单稳态电路处于稳态，555 时基集成电路的（3 脚）输出低电平，发光二极管 LED 不亮。

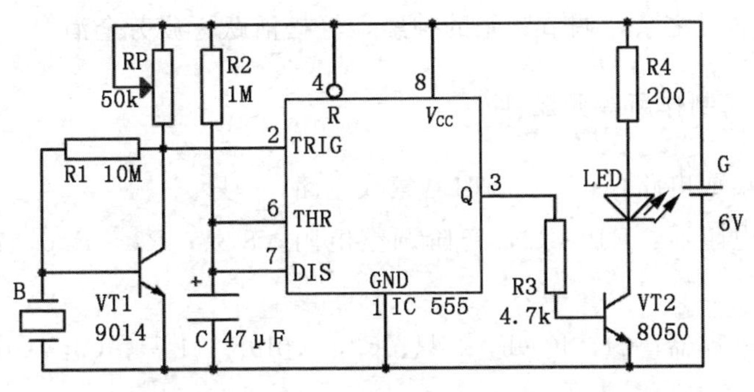

图 3-17-2　声控自动延时灯电原理图

当在一定的范围内轻拍一下手掌，声波被压电陶瓷片 B 接收并被转换成电信号，经晶体三极管 VT 放大后，从集电极输出负脉冲，555 时基集成电路的低电位触发端（2 脚）获得低电平触发信号，单稳态电路进入暂稳态状态（即延时状态），555 时基集成电路的（3 脚）输出高电平信号，白色高亮度发光二极管发光。

与此同时，电源 G 通过电阻 R2 开始向电容 C 充电，当电容 C 两端的电压达到 555 时基集成电路的高电位触发端（6 脚）电位时，单稳态电路翻转恢复稳态，电容 C 通过 555 时基集成电路的放电端（7 脚）放电，其（3 脚）重新输出低电平信号，发光二极管自动熄灭。

电路中的 R4 为发光二极管 D 的限流电阻。

十八、简易电子琴

电子琴是一种专用乐器。每天工作、学习之余，你是否想轻松一下，弹弹琴，唱唱歌。这里，介绍一个用 1 只 555 时基集成电路和 8 只电键等元件构成的简易电子琴。它能使你在一天的工作、学习之余，调节紧张的神经，轻松活跃、疲劳全消。

1. 制作所需元器件

集成电路：IC，555 时基集成电路，1 只。

电阻器：R1～R8，音阶调整电阻，8 只；R9～R16，1kΩ，8 只；R17，1kΩ，1 只。

电容器；C1，100μF，1 只；C2，0.01μF　1 只；C3，0.1μF 1只。

发光二极管：D1～D8，LED，8 只。

晶体三极管：VT，9013，1 只。

其他：扬声器 B，8Ω，2in，1 只；按钮开关 SB1～SB8，8 只；电源 G，5 号电池 4 节；印刷线路板 1 块。

2. 制作过程

（1）首先把图 3-18-1 所示的简易电子琴的印刷线路图制作成线路板，印刷线路板的尺寸为 55mm×40mm。

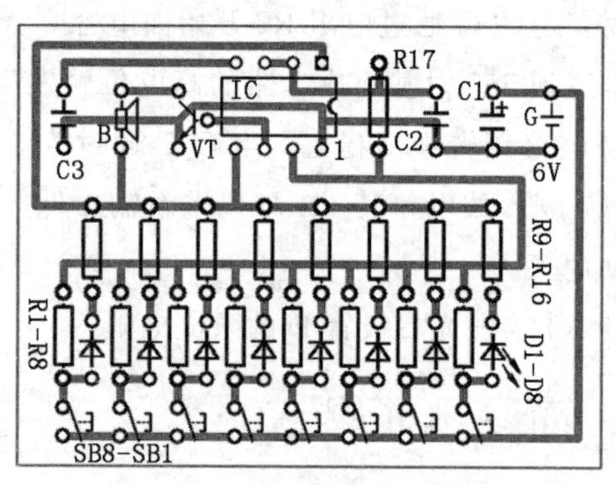

图 3-18-1　简易电子琴印刷线路图

（2）该电路要焊接 8 个按钮开关及其他元件。电源可选 4 节五号电池。

（3）调试可借助万用表和调音器进行。振荡频率的选择电阻R1～R8阻值的确定可通过以下方法调整：用1只100kΩ的可变电阻接在线路板R1的两端，按下按钮开关SB1，调整可变电阻的电阻值，使其音阶正好是低音调的“1”，然后焊下可变电阻，用万用表测量其电阻值，用固定电阻取代，焊在线路板R1的位置上。然后，依次调整“2、3……7、i”音阶的电阻数值，用固定电阻取代即可。

电路中的按钮开关SB1～SB8可选轻触开关。按钮开关既是不同音阶的弹奏开关，又是简易电子琴的电源开关。

3. 电路工作原理

本电路使用1片555时基集成电路。图3-18-2是简易电子琴的电路图。

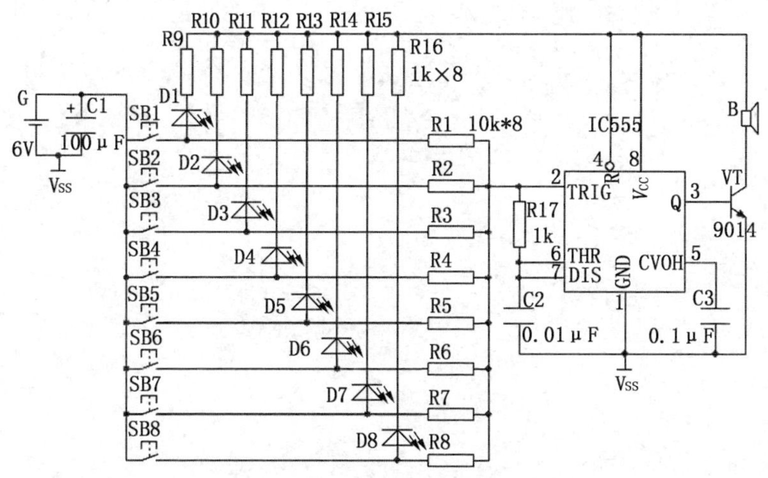

图 3-18-2 简易电子琴电路图

电路中的 R1～R8 为振荡频率的选择电阻，它与 R17、C2 和 555 时基集成电路组成 8 种不同的振荡频率。选频信号由按钮开关 SB1～SB8 控制，经 555 时基集成电路的（3 脚）输出音频信号，再由晶体三极管 VT 放大，推动扬声器 B 发声。

发光二极管 D1～D8 主要是为 555 时基集成电路提供电源和按键指示的作用。

第四章　单片机的应用制作

一、单片机基础知识

单片机又称单片微型计算机。它的外表只是1块大规模集成电路芯片，但在芯片中却集成了中央处理器（CPU）、存储器（RAM、ROM等）和各种输入/输出接口（定时器/计数器、并行I/O以及A/D转换接口等），这就构成了一个基本的微型计算机系统。

单片机芯片具有微小的体积、较低的成本和面向控制的设计，这使它作为智能控制的核心器件被广泛地应用于军事、工业、家用电器、智能玩具和便携式智能仪表等领域的电子产品中。

ATMEL公司是世界上著名高性能、低功耗、非易失性存储器和数字集成电路的一流半导体制造公司。ATMEL公司把8051内核与其擅长的FLASH制造技术相结合，推出可重复擦写1000次以上低功耗的89C51/89C52/1051/2051等89系列单片机产品，取代其他8751系列，并于1997年研发了RISC（Reduced Instruction Set CPU）单片机，简称AVR单片机。

AVR单片机具有价格低廉、可擦写1000次以上、高速度（50ns）、低功耗（μA）、大电流（灌电流10～20mA，单一输出40mA）、超功能的精简编程指令（可用BASCI语言编程）、在线下载写入芯片、I/O口可A/D转换用、有8位和16位的计数器/定时器（可作比较器、计数器、外部中断和PWM控制输出）和工作电压范围宽（2.7～6V）等优点。

下面介绍本篇所应用的单片机芯片、编程软件及基本命令。

1. AVR 单片机芯片 ATMEGA8L

图 4-1-1 是单片机芯片 ATMEGA8L 的引脚定义和管脚排图。ATMEGA8L 有 28 个引脚，3 个端口共 23 位可供输入或输出。ATMEGA8L 采用内部晶体振荡器，振荡频率为 8MHz。

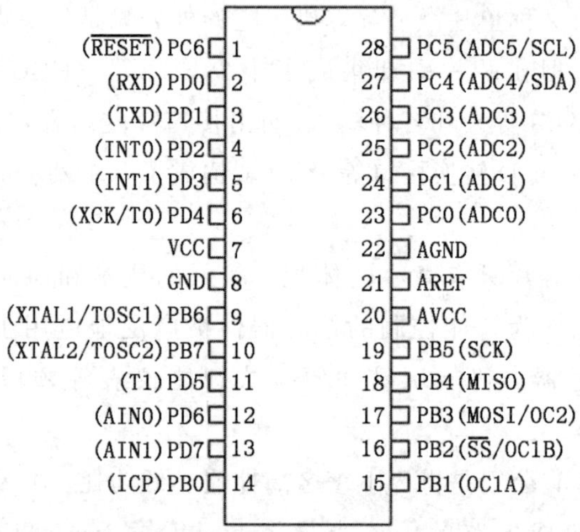

图 4-1-1　单片机芯片 ATMEGA8L 引脚定义和管脚排图

单片机芯片 ATMEGA8L 的引脚说明如下：

VCC、GND：单片机电源。

B 口 PB7-PB0：这 8 个端口可供输入/输出使用。每一个管脚都有内部上拉电阻。

C 口 PC6-PC0：这 7 个端口可供输入/输出使用。每一个管脚都有内部上拉电阻。同时，PC4-PC0 5 个端口还可以用作 ADC 的模拟输入口。PC5 端口可作 RESET 复位使用。

D 口 PD7-PD0：这 8 个端口可供输入/输出使用。

XTAL1 和 XTAL2 分别是片内振荡器的输入输出端可使用晶体振荡器。

AVCC A/D 转换器的电源与 VCC 连接。

AREFA/D 转换器的参考电源与 VCC 连接。

AGND 模拟地。

2. 编程软件 BASCOM-AVR

采用高级程序设计语言 BASIC 为手段的 AVR 单片机开发平台 BASCOM-AVR，具有程序设计简洁方便，语句功能强大、仿真平台图形化等特点，配合 AVR 单片微控制器程序存储器可多次编程，在线下载的优点，使学习和使用 AVR 单片机变得十分容易。

（1）安装 BASCOM-AVR。用户可到 http：//www. mcselec. com 免费下载 BASCOM-AVR DEMO 版安装软件。

双击运行临时目录下的软件安装程序 SETUP. EXE 出现安装画面后单击 Next 继续安装过程，阅读软件版权说明后单击“Yes”继续安装，输入你的名字和公司名称后单击“Next”以后均单击 Next 采用缺省设置直到安装结束。

（2）运行 BASCOM-AVR。BASCOM-AVR 软件运行的主窗口见图 4-1-2。

（3）BASCOM-AVR 系统参数设置。依次选择 Option→Compiler→Chip 进行参数设置。选择实验所用芯片 M8；继续选定通讯选项，单击 Communication 设定芯片频率为 8MHz；采用内部的程序下载器（Sample Electronics Grammer）。单击“OK”完成参数设置，见图 4-1-3。

（4）编写程序。点击 New 建立新文件，然后编写程序或直接打开已有的程序。

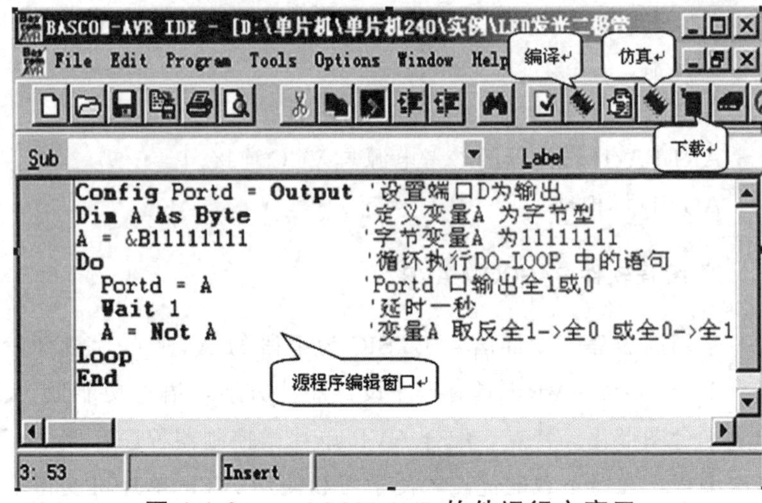

图 4-1-2　BASCOM-AVR 软件运行主窗口

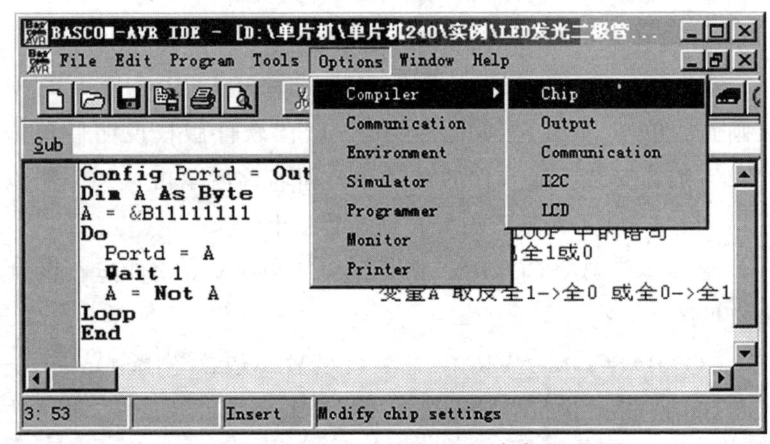

图 4-1-3　BASCOM-AVR 系统参数设置

（5）编译源程序生成各类代码文件。单击 BASCOM 主窗口工具条中的编译按钮，将程序编译生成可供仿真下载的 dbg、obj、hex 等文件。

(6) 软件仿真。单击 BASCOM 主窗口工具条中的仿真按钮，进入软件仿真窗口。见图 4-1-4。

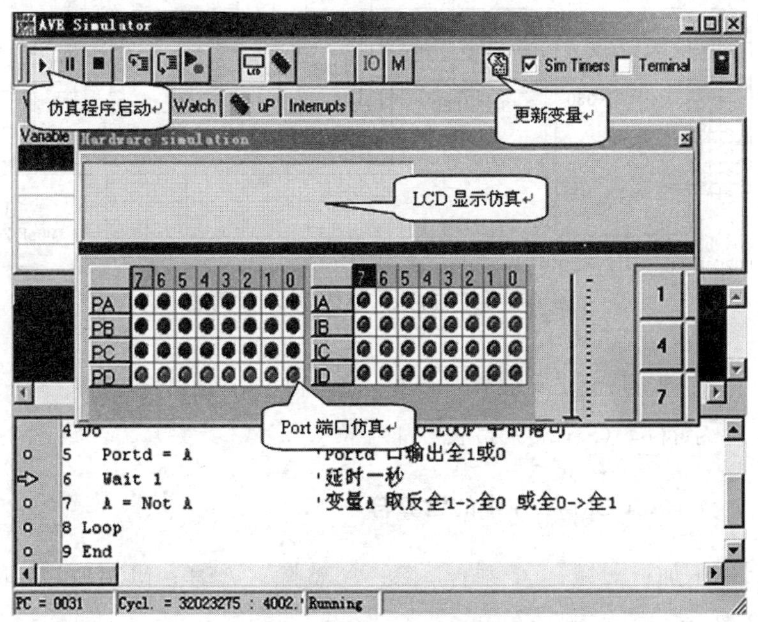

图 4-1-4 BASCOM-AVR 软件仿真窗口

(7) 程序下载。用下载线将电脑 COM 口与单片机实验板通讯口连接，并接通单片机电源，单击下载按钮，将程序下载至单片机芯片中。程序下载线的制作可参见图 4-1-5。

直接运行程序并观察效果。

3. BASCOM-AVR 中变量的数据类型

位（bit）1/8 字节；

字节（Byte）1 字节，8bit 值为 0～255；

整型（Integer）2 字节，值为－32768～32767；

字（Word）2 字节，值为 0～65535；

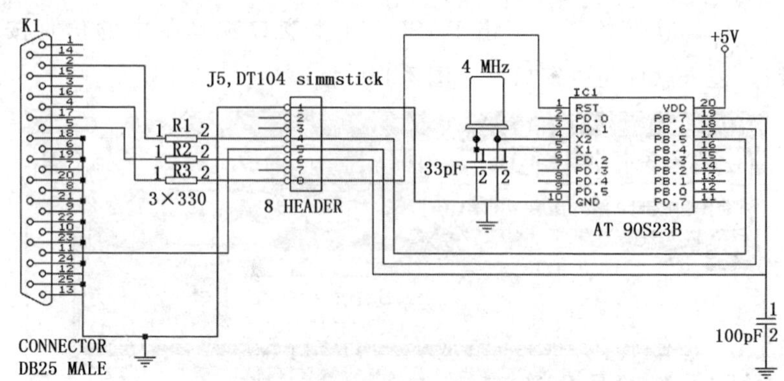

图 4-1-5　程序下载线制作参考图

长型（Long）4 字节，值为－2147483648～2147483647；

字符串（String）最长 254 字符。

4. BASCOM-AVR 中的运算符

＋加；－减；＊乘；／除；＼整除；∧幂；MOD 整除取余数；

＝等于；＜＞不等于；＜小于；＞大于；＜＝小于等于；＞＝大于等于；

NOT 取反；AND 逻辑与；OR 逻辑或；XOR 异或。

5. BASCOM-AVR 编程的基本命令的语法及说明

BASCOM-AVR 编程的所有命令的语法说明及程序实例可查阅 BASCOM-AVR 软件的帮助文件 Help。以下是部分命令的语法及说明。

CONFIG PORTx＝state 表示设置端口为输入/输出。

CONFIG PINx. y＝state 表示设置端口中的一位为输入/输出。

state 为 INPUT 表示输入；OUTPUT 表示输出。

DIM var AS type 定义一个变量的类型。

SHIFT var，LEFT/RIGHT [，shifts] 左、右移动变量的所有位的内容，shifts 为步长。

ROTATE var，LEFT/RIGHT [，shifts] 左、右旋转变量的所有位的内容。shifts 为步长。

WAIT seconds

延缓程序的执行。seconds 为延时的秒数。

WAITMS ms　ms 为延时的毫秒数。其取值 1～65535。

WAITUS μs　μs 为延时的微秒数。其取值 1～65535。

DELAY　短暂延缓程序的执行。固定延时时间为 1s。

var＝RND (limit)

产生随机数。limit 为随机数的界限。

Incr var　变量加 1。

DECR var　变量减 1。

SET bit　置端口的某一位输出逻辑“1”，置 1。

SET var. x　置变量的范围。

Bit 为 0～7；Integer /Word 为 0～15；Long 为0～31。

RESET bit　置端口的某一位输出逻辑“0”，置 0。

CONFIG　LCDPIN＝PIN，DB4＝PN，DB5＝PN，DB6＝PN，DB7＝PN，E＝PN，RS＝PN 定义液晶屏 LCD 接口和单片机引脚的对应关系。

CLS　液晶屏清屏，光标回到第 1 行行首。

LCD x　液晶屏上显示常量或变量的值。如果要显示多项内容，多项内容之间使用分号。

SHIFTLCD　LEFT/RIGHT　左右移动液晶屏上的内容。

SOUND pin，duration，pulses　将一定时长、频率的脉冲

输出至端口。

CONFIG ADC＝single，PRESCALER＝AUTO　定义模数转换器 ADC 的工作方式为单次转换及自动分频。

START ADC　打开 ADC 电源，启动 ADC。

变量＝GETADC（channel）把某一通道的 ADC 转换值放入变量。

STOP ADC　关闭 ADC 电源，结束本次 ADC 转换

DO-LOOP 按确定的方式重复执行命令直到条件表达式为真。

WHILE-WEND　在满足条件的基础上重复执行命令。

FOR-NEXT　固定重复次数的循环。

EXIT FOR/EXIT DO/EXIT WHILE　退出循环。

IF-THEN-ELSE-ENDIF　在满足条件的基础上执行命令。

SELECT-CASE-END SELECT　在满足条件变量的基础上执行命令。

GOTO label　立即执行指定标签的程序。Label 为标签。

下面举两个单片机控制程序的应用实例：

例 1：单片机控制 D 端口发光二极管（LED）流水灯

```
Config Portd＝Output          ’设置端口 D 为输出
Dim A As Byte                 ’定义变量 A 为字节型
A＝&B10101010                 ’变量 A 赋初值“10101010”
  Do                          ’循环执行
     Portd＝A                 ’变量 A 的值送 PD 口输出
     Waitms 200               ’延时 200ms
     A＝Not A                 ’变量 A 取反
  Loop
End
```

例 2：编程，使 D 口发光管从第 0 位依次点亮。

```
Config PortD=Output          ' 设置端口 D 为输出
Dim A As Byte                ' 定义变量 A 为字节型
Dim B As Byte                ' 定义变量 B 为字节型
A=&B00000001                 ' 变量 A 赋初值“00000001”
B=0                          ' 变量 B 赋初值“0”
Do                           ' 循环
  Portd=A                    ' 变量 A 的值送 PD 口输出
  Waitms 200                 ' 延时 200ms
  Shift A , Left , 1         ' 变量 A 的值左移 1 位
  B=B+1                      ' 变量 B 加 1
Loop Until B=8               ' 直到变量 B 的值为 8 时停止循环
End
```

二、走迷宫机器人

机器人技术是在新技术革命中迅速发展起来的一项高新技术，它综合了数学、力学、电子、电气、机械和计算机等多种学科的知识。在 21 世纪，机器人技术的应用和发展无疑是一个国家在未来世界中竞争地位的重要标志。

开展机器人的实验、程序设计、创意设计和竞赛活动，目的是在青少年中普及有关机器人技术的基础知识，培养学生的智力开发、动手能力、思维能力特别是创新思维的能力，同时也锻炼了学生们的团队合作精神。

本文向你介绍一个走迷宫机器人，要求机器人能避开障碍沿左边或沿右边行走。

走迷宫机器人硬件采用两只 6V 直流减速电机作左右脚，核心元件是 1 片 ATMEGA8L 的 AVR 单片机芯片，引导机器人走迷宫的是两只反射型障碍传感器，编程软件采用 BASCOM-AVR 软件并使用 BASIC 语言编程。

1. 制作所需元器件

集成电路：IC1，单片机芯片，ATMEGA8L，1 只；IC2，稳压器 L7805，1 只；IC3、IC4，MOSFET，BUZ11A，2 只。

发光二极管：D，红色 LED，1 只。

电阻器：R，1kΩ，1 只。

电容器：C1，1000μF，1 只；C2，0.1μF，1 只。

障碍传感器：A1、A2，反射型障碍传感器，2 只。

电动机：M1、M2，带减速齿轮的 6V 直流减速电机，2 只。

其他：开关：S，1×2 拨动开关，1 只；机器人车体：带万向轮的机器人底板，1 块；电源：G，8.4V，5 号镍氢电池 7 节；印刷线路板 1 块。

2. 制作过程

（1）图 4-2-1 所示的是走迷宫机器人的印刷线路图，印刷线路板的尺寸为 45mm×40mm。电路焊接时，注意电容和 MOS-

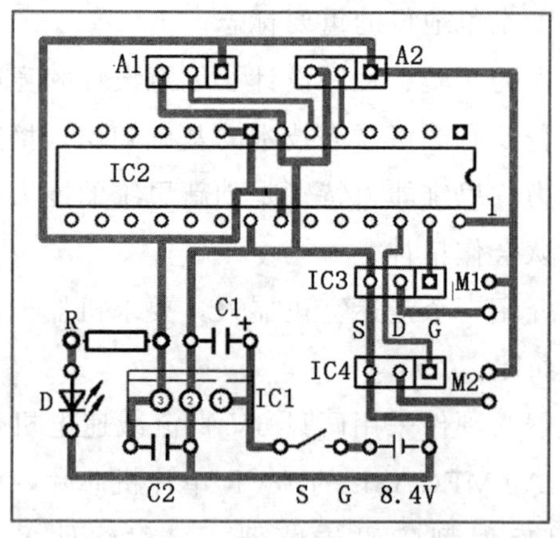

图 4-2-1　走迷宫机器人印刷线路图

FET 管的极性不要放错。

（2）将线路板和反射型障碍传感器安装在 1 块带万向轮的机器人底板上。机器人硬件底板图见图 4-2-2。反射型障碍传感器分别安装于机器人底板的正前方和左前侧。

图 4-2-2　机器人硬件底板图

（3）机器人编程软件采用高级程序设计语言 BASIC 为手段的 AVR 单片机开发平台 BASCOM-AVR。

打开 BASCOM-AVR，其主窗口见图 4-2-3。

先进行 BASCOM-AVR 系统参数设置：选择机器人所用芯片 M8；设定芯片频率为 8MHz；采用内部的程序下载器（Sample Electronics Grammer）。单击“OK”完成参数设置。然后编写程序。

编程设计思想为：首先，反射型障碍传感器 A1 接机器人的正前方，传感器 A2 接机器人的左侧；直流减速电机 M1 接机器

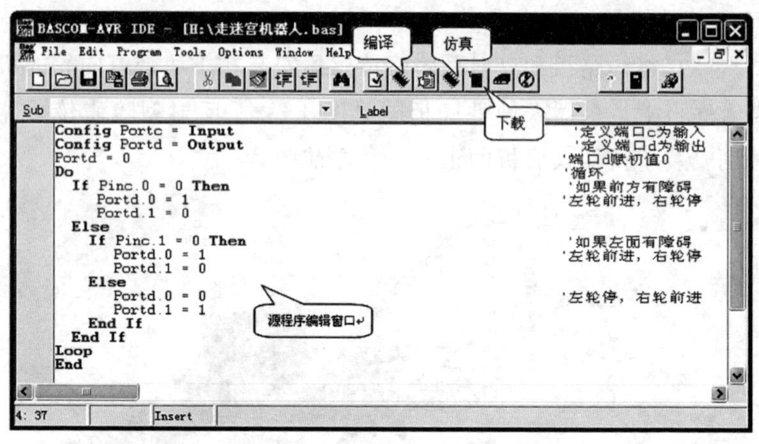

图 4-2-3　BASCOM-AVR 主窗口

人的左脚（左边电机），减速电机 M2 接机器人的右脚（右边电机）。此时的硬件连接适应于机器人沿左壁行走。编程设计思想为机器人左侧遇障碍，传感器 A2 输出为“0”，机器人向右偏转，若传感器 A2 输出为“1”，机器人向左偏转（沿左行走）；若机器人前方遇障碍，传感器 A1 输出为“0”，机器人向右转弯。下面是应用程序及注释说明。

```
Config Portc=Input            ’定义端口 C 为输入
Config Portd=Output           ’定义端口 D 为输出
Portd=0                       ’端口 D 赋初值 0
Do                            ’永远循环
  If Pinc. 0=0 Then           ’如果前方有障碍
    Portd. 0=1                ’机器人右转
    Portd. 1=0                ’左轮前进，右轮停
  Else                        ’否则
    If Pinc. 1=0 Then         ’如果左面有障碍
      Portd. 0=1              ’机器人右转
```

```
      Portd.1=0              ' 左轮前进，右轮停
    Else                     ' 否则
      Portd.0=0              ' 机器人左转
      Portd.1=1              ' 左轮停，右轮前进
   End If
  End If
Loop
End
```

编译源程序生成各类代码文件：

先下载程序：用下载线将电脑 COM 口与单片机通讯口连接，将程序下载至单片机芯片中。

再运行程序：将机器人放入迷宫场地中，机器人应能沿左边行走。若无迷宫场地，则可在地上放一纸箱，将机器人放在地上，机器人也能沿左边绕箱行走。

（4）拓展方案：在机器人底板的右前侧增加安装反射型障碍传感器，适当修改程序使机器人能沿右边行走。

3. 电路工作原理

图 4-2-4 走迷宫机器人的电原理图。

构成走迷宫机器人的核心元器件是 1 片 AVR 单片机芯片 ATMEGA8L。采用内部晶体振荡器，振荡频率为 8MHz。反射型障碍传感器 A1、A2 分别接单片机的输入端口 PC0 和 PC1；驱动电动机的 2 只 N 沟道 MOSFET 管 IC3、IC4 分别接单片机的输出端口 PD0 和 PD1。

走迷宫机器人的电源采用 7 节 5 号镍氢电池串联供电，电源总电压为 8.4V。经三端稳压器 L7805 将输出电压稳定在 5V，供单片机及减速电机 M1 和 M2 使用。D 为机器人的电源指示

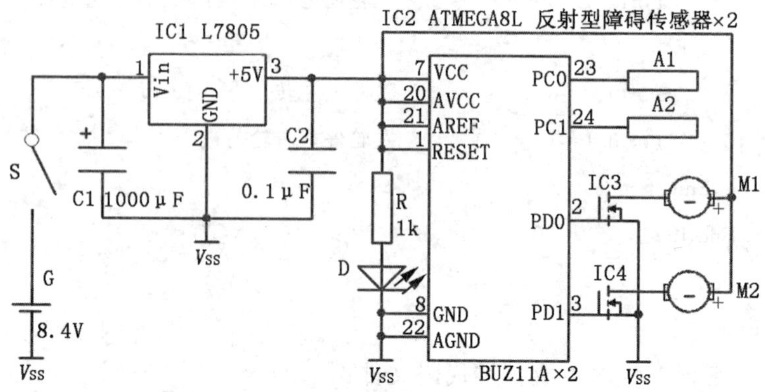

图 4-2-4　走迷宫机器人电原理图

灯，R 是其限流电阻。A1、A2 是两只反射型障碍传感器，它通过一对红外发射接收管判断有无障碍而输出数字信号，若无障碍时，传感器输出 1；有障碍时，传感器则输出 0。反射型障碍传感器外形图见图 4-2-5。该传感器可用市售产品，也可自制。其原理是使用一对红外传感器，利用振荡电路将 38kHz 频率的电信号通过红外发射管发射，经障碍反射至红外接收管，使接收管输出变化的电平。

图 4-2-5　反射型障碍传感器外形图

驱动机器人行走采用 2 只带减速齿轮的 6V 直流减速电机 M1 和 M2。而驱动它们的是 2 只 N 沟道的 MOSFET 管 BUZ11A。其外形及引脚排列见图 4-2-6。

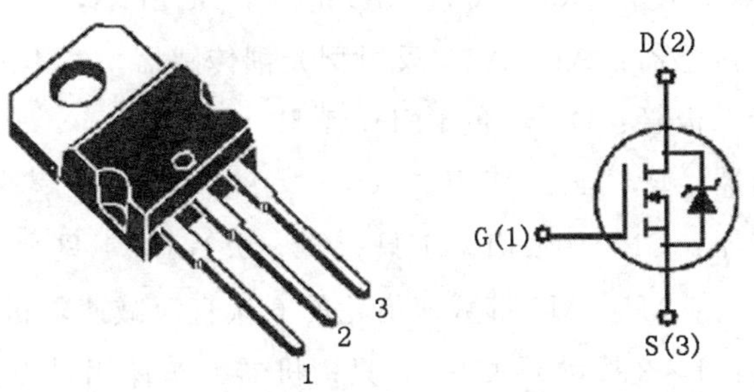

图 4-2-6 MOSFET 管 BUZ11A 外形及引脚排列图

三、寻迹机器人

机器人通常具有三个基本特征：大脑、身体和动作。要使机器人做动作，必须告诉机器人做什么，然后它才能执行。实现对机器人的控制，主要包括输入——该信息来自机器人的传感器；程序——你想让机器人遵循的一种指令；输出——机器人的运动。机器人如何感知外界，主要依赖传感器。

本文向你介绍一个寻迹机器人。该机器人在浅色的场地内能沿着黑线的轨迹行走。

寻迹机器人硬件采用两只 6V 直流减速电机作左右脚，核心元件是 1 片 ATMEGA8L 的 AVR 单片机芯片，引导机器人寻迹的是 2 只反射型光耦传感器，编程软件采用 BASCOM-AVR 软件并使用 BASIC 语言编程。

1. 制作所需元器件

集成电路：IC1，单片机芯片，ATMEGA8L，1 只；IC2，稳压器 L7805，1 只；IC3、IC4，MOSFET，BUZ11A，2 只。

光耦传感器：A1、A2，反射型光耦传感器，2 只。

发光二极管：D，红色 LED，1 只。

电阻器：R，1kΩ，1 只。

电容器：C1，1000μF，1 只；C2，0.1μF，1 只。

电动机：M1、M2 带减速齿轮的 6 伏直流减速电机 2 只。

其他：1×2 拨动开关 S，1 只；机器人车体用带万向轮的机器人底板，1 块；电源 G，8.4V，5 号镍氢电池 7 节；印刷线路板 1 块。

2. 制作过程

（1）图 4-3-1 所示的是寻迹机器人的印刷线路图，印刷线路板的尺寸为 45mm×40mm。电路焊接时，注意电容和 MOSFET

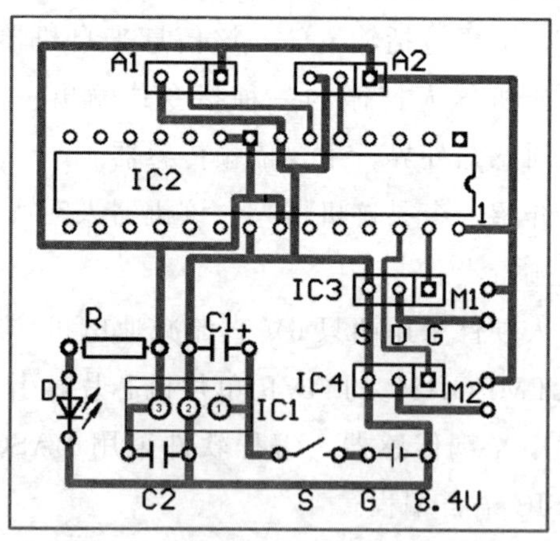

图 4-3-1 寻迹机器人印刷线路图

管的极性不要放错。

（2）将线路板和反射型光耦传感器安装在1块带万向轮的机器人底板上。反射型光耦传感器安装于机器人底板下方前轮的左右侧，安装高度离地1cm处，2只光耦传感器之间的间距为场地黑线轨迹宽度的1.5倍。图4-3-2所示的是反射型光耦传感器外形图，机器人硬件底板安装图见图4-3-3。

图4-3-2　反射型光耦传感器外形图

图4-3-3　机器人硬件底板安装图

（3）采用高级程序设计语言 BASIC 为手段的 AVR 单片机开发平台 BASCOM-AVR，它的程序设计简洁方便，功能强大的语句、图形化的仿真平台，AVR 单片微控制器程序存储器可多次编程并支持在线下载。

下面介绍寻迹机器人程序编写。其编程设计思想为：首先，反射型光耦传感器 A1 接机器人的左下侧，传感器 A2 接机器人的右下侧；直流减速电机 M1 接机器人的左脚（左边电机），减速电机 M2 接机器人的右脚（右边电机）。活动场地为白色，贴 2cm 宽度的黑色轨迹。反射型光耦传感器探测黑色和白色的临界点 ADC 值取 300。编程设计思想为机器人左右光耦传感器探测到场地左右全是白色（场地的黑色轨迹在机器人左右光耦传感器中间），机器人全速前进；若左传感器探测到场地左边是黑色，机器人向左偏转；若右传感器探测到场地右边是黑色，机器人向右偏转。下面是应用程序及注释说明。

```
Config Adc=Single ，Prescaler=Auto
’设置 ADC 为单次转换、自动分频模式
Config Portd=Output            ’定义端口 D 为输出
Dim A As Byte ，B As Byte      ’定义变量 A、B 为字节型变量
Portd=0                        ’端口 D 赋初值 0
Do                             ’永远循环
  A=Getadc（0）：B=Getadc（1）’
  获取 ADC 转换数值，放入相应变量中
  If A<300 A And B<300 Then
  ’如果传感器探测到场地左右全是白色
    Portd. 0=1                 ’机器人前进
    Portd. 1=1                 ’左轮前进，右轮前进
  End If
  If A>300 Then                ’如果左传感器探测到场地左边是黑色
```

```
    Portd.0=0              '机器人左转
    Portd.1=1              '左轮停，右轮前进
  End If
  If B>300 Then            '如果右传感器探测到场地右边是黑色
    Portd.0=1              '机器人右转
    Portd.1=0              '左轮前进，右轮停
  End If
Loop
End
```

先下载程序：用下载线将电脑 COM 口与单片机通讯口连接，单击下载按钮，将程序下载至单片机芯片中。

再运行程序：将寻迹机器人放入场地中，使黑色轨迹位于机器人两光耦传感器中间，开启电源开关，机器人应能沿轨迹行走。

（4）试一试若机器人只安装 1 只反射型光耦传感器，适当修改程序使机器人也能沿轨迹行走。倘若在黑色的地面上有一条白色的轨迹，修改程序使机器人能沿白色的轨迹行走。

3. 电路工作原理

图 4-3-4 所示的是寻迹机器人的电原理图。

构成寻迹机器人的核心元器件是 1 片 AVR 单片机芯片 ATMEGA8L。ATMEGA8L 有 28 个引脚，B、C 和 D 等 3 个端口共 23 位可供输入或输出。其中端口 C 中的 PC0～PC5 可作 A/D 转换用。

ATMEGA8L 采用内部晶体振荡器，振荡频率为 8MHz。反射型光耦传感器 A1、A2 分别接单片机的输入端口 PC0 和 PC1；驱动电动机的 2 只 N 沟道 MOSFET 管 IC3、IC4 分别接单片机的输出端口 PD0 和 PD1。

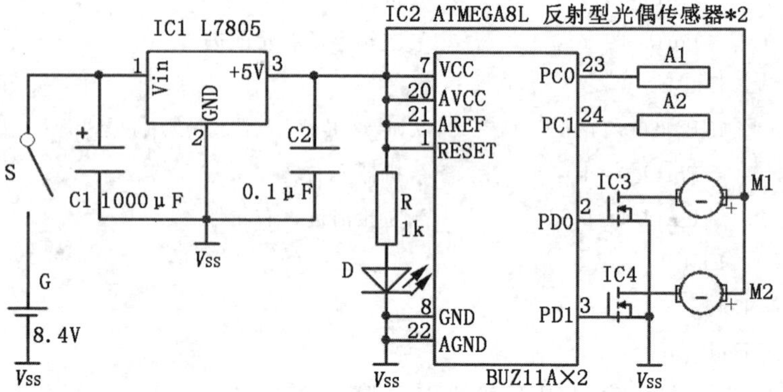

图 4-3-4　寻迹机器人的电原理图

寻迹机器人的电源采用 7 节 5 号镍氢电池串联供电，电源总电压为 8.4V。经三端稳压器 L7805 将输出电压稳定在 5V，供单片机及减速电机 M1 和 M2 使用。D 为机器人的电源指示灯，R 是其限流电阻。A1、A2 是两只反射型光耦传感器，它通过一对红外发射、接收管判断物体的颜色深浅并输出模拟信号，从单片机的 A/D 转换端口输入，经处理后得到 ADC 数字值（0～1023）。当反射型光耦传感器在探测白色时，其 ADC 值在 50 左右；当光耦传感器在探测黑色时，其 ADC 值为 1000 左右。反射型光耦传感器可用市售产品，也可自制。其原理是使用一对光耦传感器，在光耦接收管端引出信号至单片机的 A/D 输入端。其在不同颜色的物体上经反射后得到的电平是不同的，因而在单片机上得到的 ADC 值也是不同的。

机器人行走采用 2 只带减速齿轮的 6V 直流减速电机 M1 和 M2。而驱动它们的是 2 只 N 沟道的 MOSFET 管 BUZ11A。

四、声反应时间测试器

人类具有各种能力，如反应能力、记忆能力和思维能力等。而某些职业注重人们必须具备某些能力才能胜任。人们可以根据自己在某些方面能力的强弱，去发挥或去培养。如何检验能力的大小，则有许多相应的检测方法。这里，向你介绍一个声反应时间测试器，它能检测你的声反应能力的大小。

声反应时间测试器的核心元件是 1 片 ATMEGA8L 的 AVR 单片机芯片，使用 1 只蜂鸣器和 1 只按钮开关等元器件，采用背光液晶显示器显示你的测试结果。编程软件采用 BASCOM-AVR 软件并使用 BASIC 语言编程。

1. 制作所需元器件

集成电路：IC 单片机芯片，ATMEGA8L，1 只。

电容器：C，0.1μF，1 只。

其他：液晶显示器，16×1 背光 LCD，1 只；有源蜂鸣器 B，1 只；1×2 拨动开关 S，1 只；按钮开关 SB，1 只；电源 G，直流 5V/0.5A 稳压电源，1 只；印刷线路板 1 块。

2. 制作过程

（1）图 4-4-1 是声反应时间测试器的印刷线路图，印刷线路板的尺寸为 45mm×40mm，LCD 液晶显示器与印刷线路板之间也可加焊 1 根 16 芯的排插。

（2）采用高级程序设计语言 BASIC 为手段的 AVR 单片机开发平台 BASCOM-AVR，它的程序设计简洁方便，功能强大的语句、图形化的仿真平台，AVR 单片微控制器程序存储器可多次编程并支持在线下载。

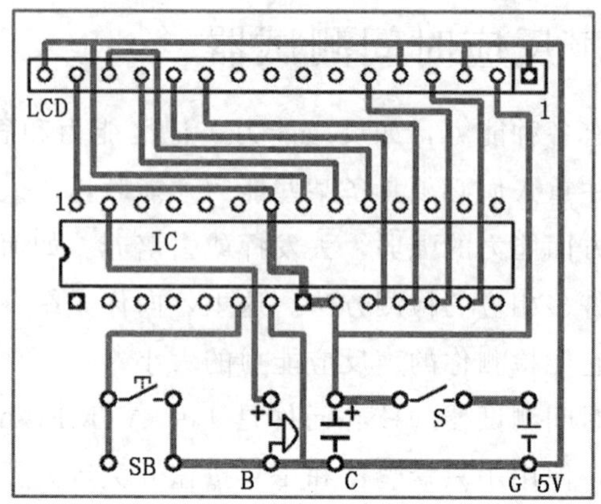

图 4-4-1　声反应时间测试器的印刷线路图

下面介绍声反应时间测试器程序编写。其编程设计思想为：首先，按钮开关 SB 处于等待状态，液晶显示器显示“Please keystoke”等待按键，当你按一下按钮开关 SB，液晶显示器显示“Wait...”等待，此时将随机延时一段时间（0～1.6s），接着，蜂鸣器响起，同时，计时开始，液晶显示器显示计时时间，精度为百分之一秒。直到你再按一下按钮开关，计时结束，液晶显示器显示的是你的声反应时间并保留 3s，系统再返回至按钮开关 SB 处于等待状态……下面是应用程序及注释说明。


```
Config Portc=Input            ' 定义端口 C 为输入
Config Portd=Output           ' 定义端口 D 为输出
Config Lcdpin=Pin , Db4=Portb. 4 , Db5=Portb. 5 , Db6=Portb. 6 ,
Db7=Portb. 7 , E=Portb. 3 , Rs=Portb. 2
' 定义 M8 端口引脚与液晶板 LCD 的对应关系
Config Lcd=16 * 1             ' 定义液晶板 LCD 的规格
Dim A As Byte ,               ' 定义变量 A 为字节型变量
Dim B As Integer              ' 定义变量 B 为整数型变量
```

```
Dim S As Byte                ' 定义变量 S 为字节型变量
Dim Ss As Byte               ' 定义变量 Ss 为字节型变量
1：                          ' 1 号标签
Portc. 0=1                   ' 置按钮端口为高电平
Portd. 0=0                   ' 关断蜂鸣器
Do                           ' 循环，直到按钮按下为止
  Cls                        ' 液晶屏清屏
  Lcd "please keystoke"      ' 显示等待按键
Loop Until Pinc. 0=0
Cls                          ' 液晶屏清屏
Lcd "wait..."                ' 显示等待
A=Rnd (8)                    ' 产生随机数变量 A，其值为 0～8
B=0                          ' 变量 B 赋初值 0
Do                           ' 循环，直到 B〉A 为止
  B=B+1                      ' 变量 B 计数
  Waitms 200                 ' 延时 200ms
Loop Until B>A               ' 延时结束
Portd. 0=1                   ' 蜂鸣器响
S=0                          ' 秒变量 S 赋初值 0
Ss=0                         ' 百分之一秒变量 Ss 赋初值 0
Do                           ' 循环，直到按钮按下为止
  Cls                        ' 液晶屏清屏
  Lcd S ; "："; Ss           ' 显示秒及百分之一秒
  Waitms 10                  ' 延时 10ms
  Ss=Ss+1                    ' 百分之一秒变量 Ss 计数
  If Ss=100 Then             ' 百分之一秒变量 Ss 满 100
    Ss=0                     ' 百分之一秒变量 Ss 清零
    S=S+1                    ' 秒变量 S 计数
  End If
```

```
    If S=5 Then             ' 秒变量 S 满 5s
      Cls                   ' 液晶屏清屏
      Lcd "Over again"      ' 显示重新开始
      Goto 2                ' 转到 2 号标签
    End If
  Loop Until Pinc. 0=0
  2:                        ' 2 号标签
  Portd. 0=0                ' 关断蜂鸣器
  Wait 3                    ' 延时 3s
  Goto 1                    ' 转 1 号标签
  End                       ' 程序结束
```

编译源程序生成各类代码文件：

单击 BASCOM 主窗口工具条中的编译按钮，将程序编译生成可供仿真下载的 dbg、obj、hex 等文件。

先下载程序：用下载线将电脑 COM 口与单片机通讯口连接，单击下载按钮，将程序下载至单片机芯片中。

再运行程序：接通电源，开启电源开关 S，根据液晶显示屏的提示，适时按动按钮测试即可。

（3）拓展方案：如若将蜂鸣器改用白色高亮度发光二极管替代，则可将此电路改为光反应时间测试器。你不妨试一试。

3. 电路工作原理

图 4-4-2 所示的是声反应时间测试器的电原理图。

构成声反应时间测试器的核心元器件是 1 片 AVR 单片机芯片 ATMEGA8L。ATMEGA8L 有 28 个引脚，B、C 和 D 等 3 个端口共 23 位可供输入或输出。ATMEGA8L 采用内部晶体振荡器，振荡频率为 8MHz。

测试结果采用 LCD 背光液晶显示器，其规格是 16×1。16

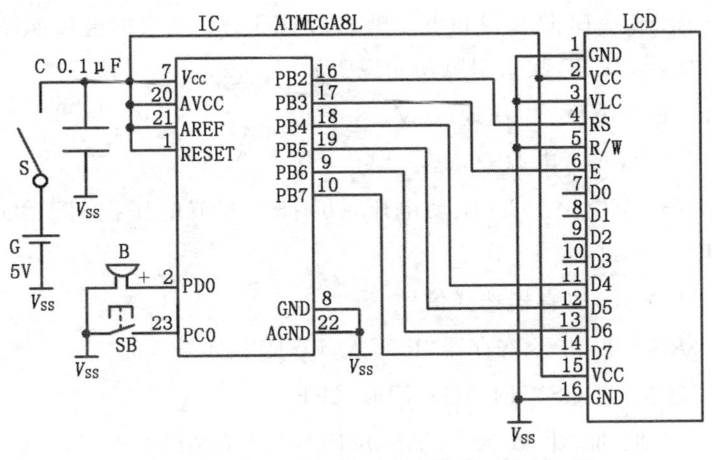

图 4-4-2 声反应时间测试器的电原理图

×1 表示液晶屏共 1 行，每行能显示 16 个字符。标准点阵 LCD 由具有高反差、宽视角的液晶显示屏和 CMOS 控制驱动器组成。液晶屏与 MCU 接口容易，显示器上提供了字符发生器和显示数据 RAM，所有显示功能均由指令控制。液晶屏结构紧凑，功耗低，数据线 4 位/8 位可选择，可以显示 96 个 ASCII 字符及 92 个特殊字母。其外形图见图 4-4-3。

图 4-4-3 LCD 背光液晶显示器外形图

液晶屏 LCD 接口和单片机 ATMEGA8L 端口的连接如图 4-4-2 所示，LCD 接口引脚功能说明如下。

（1）GND：电源地，0V。

（2）Vcc：电源＋5V。

（3）VLC：LCD 驱动电压，0～5V 调节电压控制 LCD 对比度。

（4）RS 寄存器选择信号：

RS＝0，指令寄存器 IR 写入（WRITE）

①忙（BUSY FLAG）读取（READ）；

②地址计数器（ADDRESS COUNTER）AC 读取（READ）。

RS＝1：数据寄存器（DATA REGISTER）读取及写入（READ/WRITE）。

（5）R/W：读/写控制信号，$R/W=1$ 读取，$R/W=0$ 写入。

（6）E（ENABLE）：片使能信号，写数据控制，下降沿触发。

（7）11～14 脚为 $DB4$～$DB7$，4 位数据传送方式，将 8 位数据分 2 次传送。

（8）15 脚背光 LED 电源，接 Vcc。

（9）16 脚背光 LED 地，接 Vss。

声反应时间测试器的电源采用直流 5V/0.5A 稳压电源。蜂鸣器采用有源蜂鸣器，接单片机的输出端口 PD0。控制按钮接单片机的输入端口 PC0。

五、轨道赛车裁判员

四驱赛车的拼装是广大青少年热衷的一个项目。四驱赛车的竞赛则是考察学生们的制作能力和改装技巧。在一个竞赛场地中，人们一般通过秒表计时来统计成绩。这里，向你介绍一个轨道赛车裁判员，它能在你的四驱赛车从起点出发一圈后回到起点时精确地计算所用的时间并显示在液晶显示器上。

构成轨道赛车裁判员的核心元件是 1 片 ATMEGA8L 的 AVR 单片机芯片，使用 1 只反射型障碍传感器和 1 只按钮开关等元器件，采用背光液晶显示器显示结果。编程软件采用 BASCOM-AVR 软件并使用 BASIC 语言编程。

1. 制作所需元器件

集成电路：IC 单片机芯片，ATMEGA8L，1 只。

电阻器：R，10kΩ，1 只。

电容器：C，0.1μF，1 只。

其他：1×2 拨动开关 S，1 只；按钮开关 SB，1 只；电源 G，直流 5V/0.5A 稳压电源，1 只；液晶显示器，16×1 背光 LCD，1 只；印刷线路板 1 块。

2. 制作过程

（1）图 4-5-1 所示的是轨道赛车裁判员的印刷线路图，印刷线路板的尺寸为 45mm×40mm。该电路焊接制作较为容易，LCD 液晶显示器与印刷线路板之间也可加焊 1 根 16 芯的排插。

（2）采用高级程序设计语言 BASIC 为手段的 AVR 单片机开发平台 BASCOM-AVR，它的程序设计简洁方便，功能强大的语句、图形化的仿真平台，AVR 单片微控制器程序存储器可多次编程并支持在线下载。

下面介绍“轨道赛车裁判员”程序编写。其编程设计思想为：四驱赛车从起点出发，反射型障碍传感器 A 输出为 0，计数

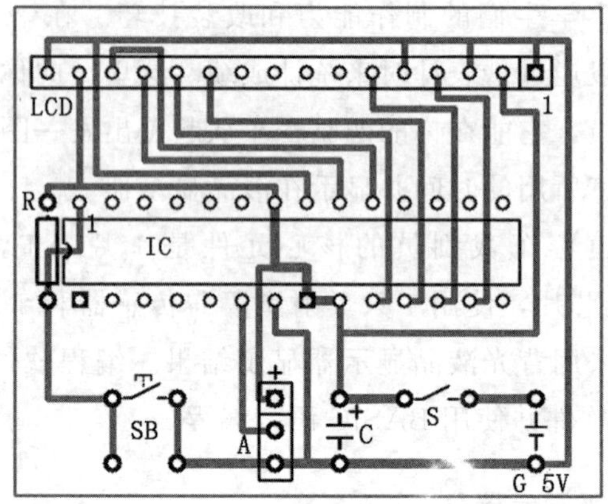

图 4-5-1　轨道赛车裁判员印刷线路图

器开始计时，当赛车行走一圈后回到起点，反射型障碍传感器 A 再次被感应而输出为 0，则单片机停止计时并保留成绩。按下复位按钮开关 SB，计数器清零，比赛重新开始。由于四驱赛车通过出发区时反射型障碍传感器 A 可能被重复感应，因此在出发后 3s 内可不考虑反射型障碍传感器 A 的状态。下面是应用程序及注释说明。

```
Config Portc=Input              ’定义端口 C 为输入
Config Lcdpin=Pin，Db4=Portb.4，Db5=Portb.5，Db6=Portb.6，Db7=Portb.7，E=Portb.3，Rs=Portb.2
’定义 M8 端口引脚与液晶板 LCD 的对应关系
Config Lcd=16*1                 ’定义液晶板 LCD 的规格
Dim S As Byte                   ’定义变量 S 为字节型变量
Dim Ss As Byte                  ’定义变量 Ss 为字节型变量
S=0                             ’秒变量 S 赋初值 0
Ss=0                            ’百分之一秒变量 Ss 赋初值 0
1:                              ’1 号标签
Do                              ’循环，直到传感器 A 被感应到车辆为止
```

```
    Cls                          ' 液晶屏清屏
    Lcd S ; “:”; Ss              ' 显示初始值
  Loop Until Pinc. 0=0
  Do                             ' 循环计数，一直计到 3s 为止
    Cls                          ' 液晶屏清屏
    Lcd S ; “:”; Ss              ' 显示秒及百分之一秒
    Waitms 10                    ' 延时 10ms
    Ss=Ss+1                      ' 百分之一秒变量 Ss 计数
    If Ss=100 Then               ' 百分之一秒变量 Ss 满 100
      Ss=0                       ' 百分之一秒变量 Ss 清零
      S=S+1                      ' 秒变量 S 计数
    End If
  Loop Until S=3
  Do                             ' 循环，直到传感器 A 再次被感应到车辆为止
    Cls                          ' 液晶屏清屏
    Lcd S ; “:”; Ss              ' 显示秒及百分之一秒
    Waitms 10                    ' 延时 10 ms
    Ss=Ss+1                      ' 百分之一秒变量 Ss 计数
    If Ss=100 Then               ' 百分之一秒变量 Ss 满 100
      Ss=0                       ' 百分之一秒变量 Ss 清零
      S=S+1                      ' 秒变量 S 计数
    End If
    If S=60 Then                 ' 秒变量 S 满 60s
      Cls                        ' 液晶屏清屏
      Lcd “Over again”           ' 显示重新开始
      Goto 1                     ' 转到 1 号标签
  End If
Loop Until Pinc. 0=0
End                              ' 程序结束
```

编译源程序生成各类代码文件：

单击 BASCOM 主窗口工具条中的编译按钮，将程序编译生成可供仿真下载的 dbg、obj、hex 等文件。

先下载程序：用下载线将电脑 COM 口与单片机通讯口连接，单击下载按钮，将程序下载至单片机芯片中。

再运行程序：

接通轨道赛车裁判员电源，开启电源开关 S，在出发区放置四驱赛车并启动赛车，可观察赛车裁判员的运行情况并观察成绩。

（3）拓展方案：计时成绩的显示也可采用 LED 数码管，其端口也用单片机 ATMEGA8L 的 B 口，但要注意相应的程序也要变更。

如果四驱赛车的起点和终点不在同一位置，可增加一个反射型障碍传感器并适当修改程序即可。

3. 电路工作原理

图 4-5-2 是轨道赛车裁判员的电原理图。

构成轨道赛车裁判员的核心元器件是 1 片 AVR 单片机芯片 ATMEGA8L。ATMEGA8L 有 28 个引脚，B、C 和 D 等 3 个端口共 23 位可供输入或输出。ATMEGA8L 采用内部晶体振荡器，振荡频率为 8MHz。

竞赛成绩的显示采用 LCD 背光液晶显示器，其规格是 16×1。16×1 表示液晶屏共 1 行，每行能显示 16 个字符。

轨道赛车裁判员的电源采用直流 5V 0.5A 稳压电源。感应四驱赛车从起点出发至终点的是一只反射型障碍传感器，它安装在四驱赛车出发区的上方，通过一对红外发射接收管判断有无车辆而输出数字信号，若无车辆时，传感器输出 1；有车辆时，传

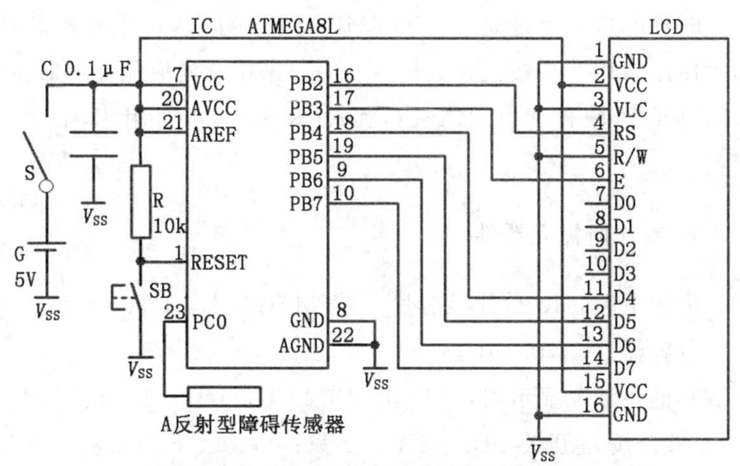

图 4-5-2 轨道赛车裁判员电原理图

感器则输出 0。SB 为复位按钮，接单片机的 1 脚，R 为其上拉电阻。反射型障碍传感器外形图见图 4-5-3。

图 4-5-3 反射型障碍传感器外形图

六、时钟

时钟每家每户都有，这里，向你介绍一个采用单片机控制并用液晶显示器显示时间的时钟。

时钟的核心元件是一片 ATMEGA8L 的 AVR 单片机芯片，初次使用采用 2 只按钮开关校准时间，采用背光液晶显示器显示时间。编程软件采用 BASCOM-AVR 软件并使用 Basic 语言编程。

1. 制作所需元器件

集成电路：IC 单片机芯片，ATMEGA8L，1 只。

电容器：C，0.1μF，1 只。

其他：液晶显示器，16×1 背光 LCD，1 只；1×2 拨动开关 S，1 只；按钮开关 SB1、SB2，2 只；电源 G，直流 5V/0.5A 稳压电源，1 只；印刷线路板 1 块。

2. 制作过程

（1）图 4-6-1 所示的是时钟的印刷线路图，印刷线路板的尺寸为 45mm×40mm。该电路焊接制作较为容易，LCD 液晶显示器与印刷线路板之间可加焊 1 根 16 芯的排插。

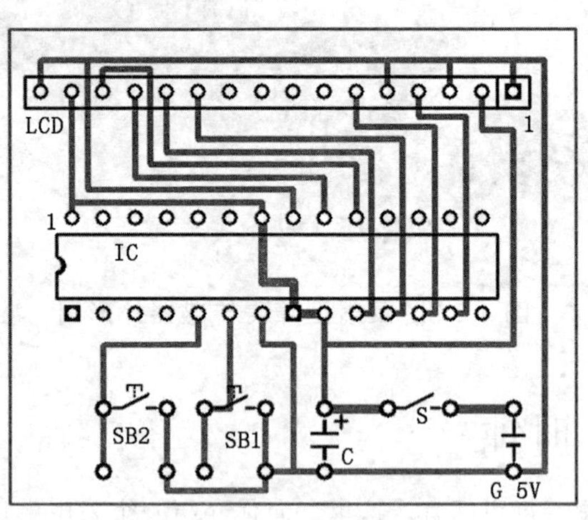

图 4-6-1　时钟印刷线路图

（2）采用高级程序设计语言 BASIC 为手段的 AVR 单片机开发平台 BASCOM-AVR，它的程序设计简洁方便，功能强大的语句、图形化的仿真平台，AVR 单片微控制器程序存储器可多次编程并支持在线下载。

下面介绍时钟程序编写。其编程设计思想为：程序编写采用中断方式，设置分变量和小时变量。在分变量满 60 后清零并使小时变量加 1，小时变量满 24 则清零。另外两个按钮开关 SB1 和 SB2 可分别调整分钟和小时，为防止按钮的误触发，程序延时 200ms。下面是应用程序及注释说明。


```
Config Portc=Input              ' 定义端口 C 为输入
Config Lcdpin=Pin , Db4 = Portb. 4 , Db5=Portb. 5 , Db6=Portb. 6,
Db7=Portb. 7, E=Portb. 3 , Rs=Portb. 2
' 定义 M8 端口引脚与液晶板 LCD 的对应关系
Config Lcd=16 * 1               ' 定义液晶板 LCD 的规格
Dim H As Byte                   ' 定义变量 H 为字节型变量
Dim M As Byte                   ' 定义变量 M 为字节型变量
H=0                             ' 小时变量 H 赋初值 0
M=0                             ' 分变量 M 赋初值 0
Enable Interrupts               ' 开放全局中断
Enable Compare1a                ' 开放 TC1 输出比较 A 匹配中断
On Compare1a Sub1               ' 中断时执行子程序 Sub1
' 设置 TC1 为计时器，256 分频，脉冲输出，中断时 TC1 自动清零
Config Timer1=Timer , Prescale=256 , Compare A=Toggle , Clear
Timer=1
Compare1a=31250                 ' 8000000/256=31250
Do                              ' 循环
  If PortC. 0=0 Then M=M+1 ' 分变量加 1
  If PortC. 1=0 Then H=H+1 ' 小时变量加 1
```

```
    Waitms 200
Loop
Sub1:                                  ' 子程序 Sub1
    Cls                                ' 液晶屏清屏
    Lcd H; " :"; M                     ' 显示小时及分钟
    M=M+1                              ' 分变量累加
    If M>59 Then M=0                   ' 分变量满 60 后清零
    If H>23 Then H=0                   ' 小时变量满 24 后清零
    If M=60 Then H=H+1                 ' 分变量满 60 后小时变量加 1
Return                                 ' 子程序返回
End
```

编译源程序生成各类代码文件：

单击 BASCOM 主窗口工具条中的编译按钮，将程序编译生成可供仿真下载的 dbg、obj、hex 等文件。

先下载程序：用下载线将电脑 COM 口与单片机通讯口连接，单击下载按钮，将程序下载至单片机芯片中。

再运行程序：接通电源，开启电源开关 S，时钟即可工作，按下按钮开关 SB1，可调整分钟；按下按钮开关 SB2，则可调整小时。

（3）拓展方案：如若增加闹钟功能，可接一个蜂鸣器至 PC2 端口，并适当改动程序。你不妨试一试。

3. 电路工作原理

图 4-6-2 所示的是时钟电路图，构成时钟的核心元器件是 1 片 AVR 单片机芯片 ATMEGA8L。ATMEGA8L 有 28 个引脚，B、C 和 D 等 3 个端口共 23 位可供输入或输出。ATMEGA8L 采用内部晶体振荡器，振荡频率为 8MHz。

时钟的显示采用 LCD 背光液晶显示器，其规格是 16×1。

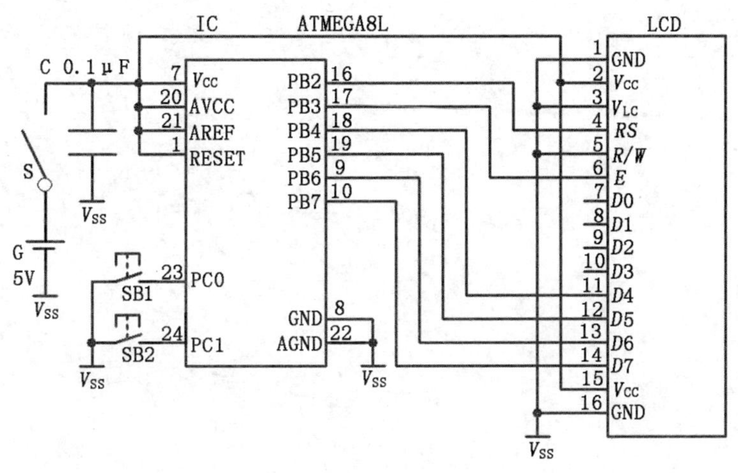

图 4-6-2　时钟电路图

16×1 表示液晶屏共 1 行，每行能显示 16 个字符。

初次使用校准时间采用 2 只按钮开关 SB1 和 SB2，分别校准分钟和小时。

图书在版编目（CIP）数据

青少年电子制作/葛介康，杨庆国编著．—福州：福建科学技术出版社，2012.7（2019.4 重印）
（动手动脑快乐学习丛书）
ISBN 978-7-5335-4032-6

Ⅰ.①青… Ⅱ.①葛…②杨… Ⅲ.①电子器件—制作—青年读物②电子器件－制作－少年读物 Ⅳ.①TN-49

中国版本图书馆 CIP 数据核字（2012）第 099776 号

书　　名	青少年电子制作 动手动脑快乐学习丛书
编　　著	葛介康　杨庆国
出版发行	海峡出版发行集团 福建科学技术出版社
社　　址	福州市东水路 76 号（邮编 350001）
网　　址	www.fjstp.com
经　　销	福建新华发行（集团）有限责任公司
排　　版	福建科学技术出版社排版室
印　　刷	日照教科印刷有限公司
开　　本	889 毫米×1194 毫米　1/32
印　　张	5.375
字　　数	124 千字
版　　次	2012 年 7 月第 1 版
印　　次	2019 年 4 月第 4 次印刷
书　　号	ISBN 978-7-5335-4032-6
定　　价	19.80 元

书中如有印装质量问题，可直接向本社调换